animal hats

超立體 動物造型毛線帽

凡妮莎・慕尼詩 Vanessa Mooncie 著・趙睿音 譯

風靡歐美！
寒冬有型，
吸睛又保暖。

編者序

毛茸茸動物毛線帽
冬天再冷也不怕

時序入秋，已經是開始編織毛線的季節。

拾起一捲毛線，開始一針一針地打了起來，像是要把秋老虎的炎熱編織起來，好在即將到來的寒冬中，慢慢釋放它的溫度。

第一眼看到這本《animal hats》，編輯部人員驚呼連連：怎麼有這麼可愛的書！細細翻閱起來，裡面完整詳細的編織細節，讓人忍不住想拿起毛線，就著書上的步驟，織出一頂一頂無敵可愛的動物毛線帽。

而我們的翻譯—睿音，就是一位行動派，她在翻譯本書之餘，還以迅雷不及掩耳的速度，織出了企鵝帽，還繼續地往大象帽邁進。

這幾款動物帽，每一款都凸顯出動物的特徵，有的威武神氣，有的可愛討喜，也有的童趣十足，款款都教人愛不釋手。

這一季冬，似乎可以不需畏懼呼呼的北風！

contents
目錄

歡迎進入
動物帽的世界
the projects

十五款冬天必織經典動物帽；

毛茸茸、暖洋洋、熱呼呼，

寒流來襲也不會冷颼颼；

超吸睛、超搶眼、超保暖

今冬必織品！

俐落大方公雞帽

童話故事裡，公雞總是昂首挺胸、一副悠哉
的模樣，在農場裡散步。戴上這頂公雞帽，在冷颼
颼的日子裡也能暖洋洋地昂首闊步穿梭在大街小
巷悠哉散步。

材料

Wendy Merino Chunky，
100%美麗諾羊毛（每球50g/65m）
雲朵白（2470），A色3球
罌粟紅（2475），B色1球
黃色中粗線少許，C色
7mm 棒針1副
4.5mm 棒針1副
直徑2cm〔2.5cm〕咖啡色釦子2個
直徑1.25cm〔1.5cm〕黑色釦子2個
填充棉花少許
防解別針
毛線針
縫衣針
黑色縫衣線
製作絨球的薄卡紙

完成尺寸

八歲以下兒童〔括號內為大人尺寸〕

織片密度

10cm 平方 =13 針 18 段 / 半針編織，7mm 棒
針。為求正確，請依個人編織手勁換用較大
或較小的棒針。

做法

編織帽子主體，雞喙分兩部分各自編織
完成後，塞入棉花縫合，再固定於帽子的
前緣。雞冠以起伏針編織，起針後逐步減
針成形，採用雙股線增加厚度，能使雞冠
直立。

帽子主體 ❶

第一片耳蓋

大人小孩尺寸皆同

* 使用 7mm 棒針與 A 色線，起針 3 針。

段 1（加針）（正面）：下針加針、1 下針、
下針加針（共 5 針）

段 2：2 下針、1 上針、2 下針

段 3（加針）：下針加針、3 下針、下針加
針（共 7 針）

段 4：2 下針、3 上針、2 下針

段 5（加針）：下針加針、5 下針、下針加
針（共 9 針）

段 6：2 下針、5 上針、2 下針

段 7（加針）：下針加針、7 下針、下針加
針（共 11 針）

段 8：2 下針、7 上針、2 下針

段 9（加針）：下針加針、9 下針、下針加
針（共 13 針）

段 10：2 下針、9 上針、2 下針

段 11（加針）：下針加針、11 下針、下針
加針（共 15 針）

段 12：2 下針、11 上針、2 下針

以下僅大人尺寸需要

段 13（加針）：下針加針、13 下針、下針
加針（共 17 針）

段 14：2 下針、13 上針、2 下針

以下大人小孩尺寸皆同

段 15：全部下針

段 16：織法同段 12〔大人尺寸同段 14〕*
剪線，暫時用防解別針固定。

第二片耳蓋

首先與第一片耳蓋做法相同（參照兩個
星號 * 之間的編織法）

繼續：起針 5 針，折返沿起針編織 5 下
針，再沿同片耳蓋編織 15〔17〕個下
針（共 20〔22〕針），翻面，繼續起
針 21 針，再翻面，加上第一片耳蓋，
沿第一片耳蓋編織 15〔17〕個下針接
起兩片耳蓋，翻面，再繼續起針 5 針（共
61〔65〕針）。

下一段（反面）：7 下針、11〔13〕上
針、25 下針、11〔13〕上針、7 下針

下一段：全部下針

最後兩段重複 1 次，接著從全段上針開
始，以平針編織 19〔21〕段，最後一
段在反面結尾。

塑形帽頂

段 1（正面）（減針）：左下兩併針、（12
〔13〕下針、1 滑針、左下兩併針、滑針
套過左側針）括號內此組編織法重複 3 次、
12〔13〕下針、左下兩併針（共 53〔57〕針）

段 2：全部上針

段 3（減針）：左下兩併針、（10〔11〕下針、
1 滑針、左下兩併針、滑針套過左側針）括
號內此組編織法重複 3 次、10〔11〕下針、
左下兩併針（共 45〔49〕針）

段 4：全部上針

段 5（減針）：左下兩併針、（8〔9〕下針、
1 滑針、左下兩併針、滑針套過左側針）括
號內此組編織法重複 3 次、8〔9〕下針、
左下兩併針（共 37〔41〕針）

段 6：全部上針

段 7（減針）：左下兩併針、（6〔7〕下針、
1 滑針、左下兩併針、滑針套過左側針）括
號內此組編織法重複 3 次、6〔7〕下針、
左下兩併針（共 29〔33〕針）

段 8：全部上針

段 9（減針）：左下兩併針、（4〔5〕下針、
1 滑針、左下兩併針、滑針套過左側針）括
號內此組編織法重複 3 次、4〔5〕下針、
左下兩併針（共 21〔25〕針）

段 10：全部上針

段 11（減針）：左下兩併針、（2〔3〕下
針、1 滑針、左下兩併針、滑針套過左側針）
括號內此組編織法重複 3 次、2〔3〕下針、
左下兩併針（共 13〔17〕針）

以下僅大人尺寸需要

段 12：全部上針

段 13（減針）：左下兩併針、（1 下針、
1 滑針、左下兩併針、滑針套過左側針）括
號內此組編織法重複 3 次、1 下針、左下
兩併針（共 9 針）

以下大人小孩尺寸皆同

剪斷毛線，用餘線穿過剩下的所有針目，
拉緊收針。

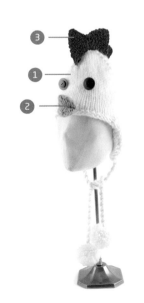

耳蓋內襯（製作 2 個）

如果打算製作編織內襯，此步驟可省略。
使用 7mm 棒針與 A 色毛線，起針 3 針，
依照耳蓋的製作方法編織段 1 到段 16。
下一步：段 15 與段 16 重複 3 次。
彈性收針。

雞喙（製作 2 個）②

使用 4.5mm 棒針與 C 色毛線，起針 15
〔19〕針。

以下僅大人尺寸需要

段 1（正面）（減針）：左下兩併針、6
下針、1 滑針、左下兩併針、將滑針套過
左側針、6 下針、左下兩併針（共 15 針）

段 2：全部上針

以下大人小孩尺寸皆同

段 3（減針）：左下兩併針、4 下針、1
滑針、左下兩併針、將滑針套過左側針、
4 下針、左下兩併針（共 11 針）

段 4：全部上針

段 5（減針）：左下兩併針、2 下針、1
滑針、左下兩併針、將滑針套過左側針、
2 下針、左下兩併針（共 7 針）

段 6：全部上針

段 7（減針）：2 下針、1 滑針、左下兩
併針、將滑針套過左側針、2 下針（共 5
針）

剪斷毛線，用餘線穿過剩下的所有針目，
拉緊收針。縫合側邊接縫，塞進一些棉
花，保持形狀平整，將對摺的起針段縫
合，形成雞喙其中一半。

雞冠 ③

使用 7mm 棒針與 B 色毛線，拉雙股線，起
針 9〔11〕針。

以下僅大人尺寸需要

段 1：7 下針、左下兩併針、2 下針（共
10 針）

段 2：全部下針

段 3：6 下針、左下兩併針、2 下針（共 9 針）

段 4：全部下針

以下大人小孩尺寸皆同

段 5：5 下針、左下兩併針、2 下針（共 8 針）

段 6：全部下針

段 7：4 下針、左下兩併針、2 下針（共 7 針）

段 8：全部下針

段 9：3 下針、左下兩併針、2 下針（共 6 針）

段 10：全部下針

段 11：2 下針、左下兩併針、2 下針（共
5 針）

段 12：全部下針

段 13：1 下針、左下兩併針、2 下針（共
4 針）

段 14：全部下針

段 15：起針 5〔7〕針（共 9〔11〕針），
編織 5〔7〕下針、左下兩併針、2 下針（共
8〔10〕針）

重複段 6〔2〕到段 15，接著重複段 6〔2〕
到段 13

收針

組合

使用同色毛線縫合接縫。

以正面對齊正面，將耳蓋內襯與耳蓋縫
合，由主體的邊緣開始縫合，結尾同樣停
在主體邊緣，起針重疊處先不縫合，翻出
正面，接著再以藏針縫將重疊的開口縫合
到主體內側。

將雞冠由前往後直立，縫在帽子頂端大約
中央的地方。

兩半雞喙從收針處以藏針縫的方法縫合，
再將縫合好的雞喙縫在帽子前緣正中央的
地方，大約在起伏針邊緣的上面。

以 A 色毛線製作兩條兩股辮（做法詳見第
118 頁），長度約為 20〔30〕cm，製作
時使用 6〔8〕股毛線。

以 A 色毛線製作兩個絨球（做法詳見第
118 頁），直徑大小為 5〔6〕cm，把兩
個絨球分別接在兩條兩股辮下方，兩股辮
的另一端則縫在耳蓋尖端的地方。

使用縫衣線，把小顆的黑色釦子重疊在大
顆的咖啡色釦子上面，一起縫在眼睛的地
方。

製作帽子內襯

做法詳見第 100 到 105 頁，為帽子加上一
層舒適的刷毛布料內襯或者是編織內襯。

青春洋溢大眼蛙帽

一對突出的大眼睛加上超大型的流蘇穗子，
讓這隻令人驚喜的兩棲動物增添了更多的趣味。
這款帽子使用柔軟的超粗毛線，保暖度十足，流
蘇更讓造型有不同變化；深淺綠的顏色搭配，戴在
大人小孩頭上，都非常好看。

材料

Sirdar Big Softie Super Chunky，
51%羊毛、49%壓克力（每球50g/45m）
A色（325）2球
B色（321）2球
C色白色粗線少許
10mm 棒針1副
7mm棒針1副
直徑2cm〔2.25cm〕咖啡色釦子2個
直徑1.25cm黑色釦子2個
填充棉花少許
防解別針
毛線針
縫衣針
黑色縫衣線
製作流蘇穗子的薄卡紙

完成尺寸

八歲以下兒童〔括號內為大人尺寸〕

織片密度

10cm 平方 =9 針 12 段 / 平針編織，10mm
棒針。為求正確，請依個人編織手勁換用
較大或較小的棒針。

做法

先編織帽子主體，從耳蓋開始，臉部以簡易的嵌花編織圖樣製作（見第 20 頁），使用淺綠色的毛線編織起伏針。眼睛以白色毛線另外編織，塞入棉花做成圓球狀，接著放進編織好的深綠色眼窩裡（眼窩的形狀就像是一頂迷你的小帽子），縫上釦子，完成臉部製作，最後再加上流蘇穗子辮來裝飾。

帽子主體 ❶

第一片耳蓋

大人小孩尺寸皆同

* 使用 10mm 棒針與 A 色線，起針 3 針

段1（加針）（正面）： 下針加針、1 下針、下針加針（共 5 針）

段2： 2 下針、1 上針、2 下針

段3（加針）： 下針加針、3 下針、下針加針（共 7 針）

段4： 2 下針、3 上針、2 下針

段5（加針）： 下針加針、5 下針、下針加針（共 9 針）

段6： 2 下針、5 上針、2 下針

以下僅大人尺寸需要

段7（加針）： 下針加針、7 下針、下針加針（共 11 針）

段8： 2 下針、7 上針、2 下針

以下大人小孩尺寸皆同

段9： 全部下針

段10： 編織方法與段 6〔8〕相同 *

剪斷毛線，暫時以防解別針固定。

第二片耳蓋

首先與第一片耳蓋做法相同（參照兩個星號 * 之間的編織法）。

下一段： 起針 4 針，折返沿起針編織 4 下針，再沿同片耳蓋編織 9〔11〕個下針（共 13〔15〕針），翻面，繼續起針 15 針，再翻面，加上第一片耳蓋，沿第一片耳蓋編織 9〔11〕個下針接起兩片耳蓋，翻面，再繼續起針 4 針（共 41〔45〕針）

下一段（反面）： 6 下針、5〔7〕上針、19 下針、5〔7〕上針、6 下針

下一段： 全部下針

反面段再重複 1 次。

依照編織圖樣（詳見第 22 頁）製作接下來的 7 段嵌花，也可以依照下列說明製作。

段1（正面）： 6〔7〕A 色下針、6〔7〕B 色下針、17A 色下針、6〔7〕B 色下針、6〔7〕A 色下針

段2： 6〔7〕A 色上針、6〔7〕B 色下針、17A 色上針、6〔7〕B 色下針、6〔7〕A 色上針

段3： 4〔5〕A 色下針、2B 色下針、6〔7〕B 色上針、2B 色下針、13A 色下針、2B 色下針、6〔7〕B 色上針、2B 色下針、4〔5〕A 色下針

段4： 4〔5〕A 色上針、10〔11〕B 色下針、13A 色上針、10〔11〕B 色下針、4〔5〕A 色上針

段5： 2〔3〕A 色下針、2B 色下針、10〔11〕B 色上針、2B 色下針、9A 色下針、2B 色下針、10〔11〕B 色上針、2B 色下針、2〔3〕A 色上針

段6： 2〔3〕A 色上針、14〔15〕B 色下針、9A 色上針、14〔15〕B 色下針、2〔3〕色上針

段7： 2〔3〕A 色上針、14〔15〕B 色上針、9A 色下針、14〔15〕B 色上針、2〔3〕色下針

段8： B 色下針至結束

段9： B 色上針至結束

繼續以 B 色毛線編織。

最後兩段重複 3 次，接著段 8 重複一次，在反面結束。

塑形帽頂

段1（減針）： 左上兩併針（7〔8〕上針、1 上滑針、左上兩併針、將滑針套過左側針）括號內此組編織法重複 3 次、7〔8〕上針、左上兩併針（共 33〔37〕針）

段2： 全部下針

段3（減針）： 左上兩併針（5〔6〕上針、1 上滑針、左上兩併針、將滑針套過左側針）括號內此組編織法重複 3 次、5〔6〕上針、左上兩併針（共 25〔29〕針）

段4： 全部下針

段5（減針）： 左上兩併針（3〔4〕上針、1 上滑針、左上兩併針、將滑針套過左側針）括號內此組編織法重複 3 次、3〔4〕上針、左上兩併針（共 17〔21〕針）

段6： 全部下針

段7（減針）： 左上兩併針（1〔2〕上針、1 上滑針、左上兩併針、將滑針套過左側針）括號內此組編織法重複 3 次、1〔2〕上針、左上兩併針（共 9〔13〕針）

剪斷毛線，用餘線穿過剩下的所有針目，拉緊收針。

青蛙嵌花編織圖樣（7段╳41〔45〕針）

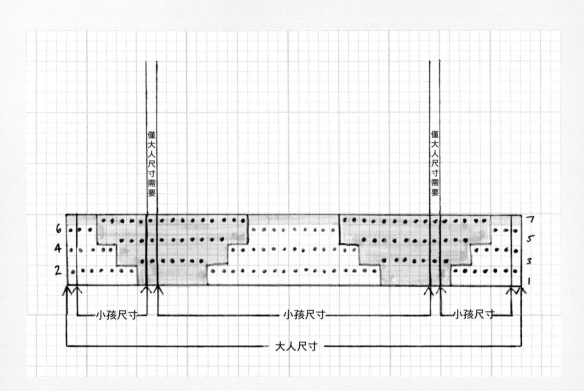

圖示

☐ 下針
☑ 上針
☐ A色毛線
▨ B色毛線

眼窩（製作 2 個）3

使用 10mm 棒針與 A 色毛線，起針 17〔21〕針。

從下針段開始，以起伏針編織 3 段。

段 4（減針）（正面）：（左下兩併針〔1下針〕、1 下針〔左下兩併針〕）括號內此組編織法重複 5〔7〕次、左下兩併針〔0 下針〕（共 11〔14〕針）。

編織下針 1〔3〕段。

下一段（減針）：（左下兩併針、1 下針）括號內此組編織法重複 3〔4〕次、左下兩併針（共 7〔9〕針）。

剪斷毛線，用餘線穿過剩下的所有針目，拉攏收針。

眼球（製作 2 個）2

使用 7mm 棒針與 C 色毛線，起針 9 針。

段 1（加針）：（1 下針、下針加針）括號內此組編織法重複 4 次、1 下針（共 13 針）

段 2：全部上針

段 3（加針）：（1 下針、下針加針）括號內此組編織法重複 6 次、1 下針（共 19 針）

以下大人小孩尺寸皆同

從上針段開始，編織平針織 5〔7〕段。

以下僅大人尺寸需要

段 13（減針）：（1 下針、左下兩併針）括號內此組編織法重複 6 次、1 下針（共 13 針）

段 14：全部上針

段 15（減針）：（1 下針、左下兩併針）括號內此組編織法重複 4 次、1 下針（共 9 針）

剪斷毛線，用餘線穿過剩下的所有針目，拉緊收針。

耳蓋內襯（製作 2 個）

如果打算製作編織內襯，此步驟可省略

使用 10mm 棒針與 A 色毛線，起針 3 針，依照耳蓋的製作方法編織段 1 到段 10

下一步：段 9 與段 10 重複 3 次

彈性收針。

組合

使用同色毛線縫合接縫。

以正面對齊正面，將耳蓋內襯與耳蓋縫合，由主體的邊緣開始縫合，結尾同樣停在主體邊緣，起針重疊處先不縫合，翻出正面，接著再以藏針縫將重疊的開口縫合到主體內側。

以正面對齊正面，縫合眼球背面的接縫，翻出正面，塞入棉花做成圓球狀，然後沿著邊緣縫合，收攏眼球。

縫合眼窩接縫，放進製作好的眼球，接縫朝內，仔細縫合固定。把眼窩接縫處朝下，縫合固定在帽子主體上。

以 A 色毛線製作兩條兩股辮（做法詳見第 118 頁），長度約為 20〔30〕cm，製作時使用 4〔6〕股毛線。以 B 色毛線製作兩個流蘇穗子（做法詳見第 119 頁），長度為 10〔13〕cm，把兩個流蘇穗子分別接在兩條兩股辮下方，兩股辮的另一端則縫在耳蓋尖端的地方。

使用縫衣線，把大顆的黑色釦子縫在眼球中央，小顆的黑色釦子縫在帽子前緣鼻孔的地方。

製作帽子內襯

做法詳見第 100 到 105 頁，為帽子加上一層舒適的刷毛布料內襯或者是編織內襯。

優雅過寒冬的企鵝帽

採用擁有羊駝毛成分的毛線,暖度十足。毛茸茸
的企鵝翅膀,即使寒流來襲,耳朵依舊暖呼呼的。還特
別設計獨立的領結,成為帽子上的亮點。領結可以別
在帽子上,也可以別在襯衫領子上,做多樣的變化。

材料

Twilleys Freedom Purity Chunky，
85%羊毛、15%羊駝毛
（每球50g/72m）
煤炭黑（785），A色3球
石灰白（787），B色1球
Rowan Shimmer60%酮氨嫘縈纖維、
40%聚酯纖維（每球25g/175m）
煤玉黑（095），C色1球
黑色中細線少許，D色
7mm 棒針1副
4mm棒針1副
直徑2.25cm藍色或白色釦子2個
直徑2.25cm黑色釦子2個
直徑1.5cm黑色釦子2個
毛線針
縫衣針
黑色縫衣線
別針
填充棉花少許

完成尺寸

八歲以下兒童〔括號內為大人尺寸〕

織片密度

10cm 平方 =13 針 18 段 / 平針編織，7mm
棒針。為求正確，請依個人編織手勁換用
較大或較小的棒針。

做法

帽子主體為簡易的嵌花編織圖樣設計，翅膀與鳥喙分別另外編織，加上鈕子當作眼睛。只要把翅膀往上用鈕子固定，就能形成另種風格的帽子，獨立的領結別針，可任意裝飾在喜歡的地方。

翅膀內襯（製作 2 個）

以下大人小孩尺寸皆同

使用 7mm 棒針與 A 色毛線，起針 5 針。

段 1（加針）（正面）：下針加針、3 下針、下針加針（共 7 針）

段 2：全部下針

段 3（加針）：下針加針、5 下針、下針加針（共 9 針）

段 4：全部下針

段 5（加針）：下針加針、7 下針、下針加針（共 11 針）

段 6：全部下針

段 7（加針）：下針加針、9 下針、下針加針（共 13 針）

以下僅大人尺寸需要

段 8：全部下針

段 9（加針）：下針加針、11 下針、下針加針（共 15 針）

以下大人小孩尺寸皆同

繼續編織起伏編（也就是每一段都下針），直到長度從起針邊測量起來達到 12cm〔15cm〕為止，在反面結束。

剪斷毛線，暫時以防解別針固定。

帽子主體 ❶

以嵌花編織製作：

使用 7mm 棒針與 A 色毛線，起針 8 針，翻面，沿一片翅膀內襯編織 13〔15〕下針，翻面，加上 B 色毛線起針 19 針，翻面，以 A 色毛線沿另一片翅膀內襯編織 13〔15〕

下針，翻面，以 A 色毛線起針 8 針（共 61〔65〕針）。

下一段：21〔23〕A 色下針、19 B 色下針、21〔23〕A 色下針

上面這段重複 3 次。

下一段（反面）：21〔23〕A 色上針、19 B 色上針、21〔23〕A 色上針

下一段（正面）：21〔23〕A 色下針、19 B 色下針、21〔23〕A 色下針

最後兩段重複 4 次，接著再編織一次反面段，在反面結束。

以下僅大人尺寸需要

再編織兩段。

以下大人小孩尺寸皆同

依照編織圖樣（詳見第 27 頁）製作接下來的 8 段嵌花，也可以依照下列說明製作：

段 1：22〔24〕A 色下針、7 B 色下針、3A 色下針、7 B 色下針、22〔24〕A 色下針

段 2：22〔24〕A 色上針、7 B 色上針、3A 色上針、7 B 色上針、22〔24〕A 色上針

段 3：22〔24〕A 色下針、6 B 色下針、5A 色下針、6 B 色下針、22〔24〕A 色下針

段 4：22〔24〕A 色上針、6 B 色上針、5A 色上針、6 B 色上針、22〔24〕A 色上針

段 5：23〔25〕A 色下針、4 B 色下針、7A 色下針、4 B 色下針、23〔25〕A 色下針

段 6：23〔25〕A 色上針、4 B 色上針、7A 色上針、4 B 色上針、23〔25〕A 色上針

段 7：A 色下針至結束

段 8：A 色上針至結束

塑形帽頂

段 1（正面）（減針）：左下兩併針、11〔12〕下針、1 滑針、左下兩併針、將滑針套過左側針、（13〔14〕下針、1 滑針、左下兩併針、將滑針套過左側針）括號內此組編織法重複 2 次、11〔12〕下針、左下兩併針（共 53〔57〕針）

段 2：全部上針

段 3（減針）：左下兩併針、9〔10〕下針、1 滑針、左下兩併針、將滑針套過左側針、（11〔12〕下針、1 滑針、左下兩併針、將滑針套過左側針）括號內此組編織法重複 2 次、9〔10〕下針、左下兩併針（共 45〔49〕針）

段 4：全部上針

段 5（減針）：左下兩併針、7〔8〕下針、1 滑針、左下兩併針、將滑針套過左側針、（9〔10〕下針、1 滑針、左下兩併針、將滑針套過左側針）括號內此組編織法重複 2 次、7〔8〕下針、左下兩併針（共 37〔41〕針）

段 6：全部上針

段 7（減針）：左下兩併針、5〔6〕下針、1 滑針、左下兩併針、將滑針套過左側針、（7〔8〕下針、1 滑針、左下兩併針、將滑針套過左側針）括號內此組編織法重複 2 次、5〔6〕下針、左下兩併針（共 29〔33〕針）

段 8：全部上針

段 9（減針）：左下兩併針、3〔4〕下針、1 滑針、左下兩併針、將滑針套過左側針、（5〔6〕下針、1 滑針、左下兩併針、將滑針套過左側針）括號內此組編織法重複 2 次、3〔4〕下針、左下兩併針（共 21〔25〕針）

段 10：全部上針

企鵝嵌花編織圖樣（8段╳61〔65〕針）

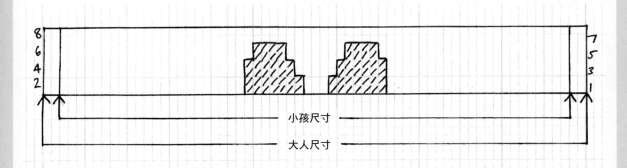

段 11（減針）：左下兩併針、1〔2〕下針、1 滑針、左下兩併針、將滑針套過左側針、（3〔4〕下針、1 滑針、左下兩併針、將滑針套過左側針）括號內此組編織法重複 2 次、1〔2〕下針、左下兩併針（共 13〔17〕針）

以下僅大人尺寸需要

段 12：全部上針

段 13（減針）：左下兩併針、1 滑針、左下兩併針、將滑針套過左側針、（2 下針、1 滑針、左下兩併針、將滑針套過左側針）括號內此組編織法重複 2 次、左下兩併針（共 9 針）

以下大人小孩尺寸皆同

剪斷毛線，用餘線穿過剩下的所有針目，拉緊收針。

翅膀（製作 2 個）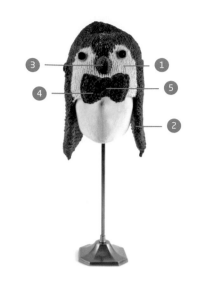

大人小孩尺寸皆同

使用 7mm 棒針與 A 色毛線，起針 3 針、（把前 1 針套過剛起的 1 針，做套收針，接著再起 1 針）括號內此組編織法重複 3 次，製作出卸孔的空間。

段 1（反面）：1 下針、翻面、起針 3 針、翻面、1 下針（共 5 針）

段 2（正面）（加針）：下針加針、3 下針、下針加針（共 7 針）

段 3：全部下針

段 4（加針）：下針加針、5 下針、下針加針（共 9 針）

段 5：全部下針

段 6（加針）：下針加針、7 下針、下針加針（共 11 針）

段 7：全部下針

段 8（加針）：下針加針、9 下針、下針加針（共 13 針）

以下僅大人尺寸需要

段 9：全部下針

段 10（加針）：下針加針、11 下針、下針加針（共 15 針）

以下大人小孩尺寸皆同

繼續編織起伏編（也就是每一段都下針），直到長度從起針邊測量起來達到 18cm〔21cm〕為止，在反面結束。

下一段（減針）：1 下針、左下兩併針、編織下針到剩下 3 針為止、左下兩併針、1 下針

下一段：全部下針

最後兩段重複到剩下 9 針為止，接著重複一次減針段（共 7 針）。

將 7 針收針。

鳥喙 ③

以下大人小孩尺寸皆同

使用 4mm 棒針與 C 色加上 D 色毛線，起針 21 針。

段 1（減針）：左下兩併針、7 下針、1 滑針、左下兩併針、將滑針套過左側針、7 下針、左下兩併針（共 17 針）

段 2：全部上針

段 3（減針）：左下兩併針、5 下針、1

滑針、左下兩併針、將滑針套過左側針、下針、左下兩併針（共 13 針）

段 4：全部上針

段 5（減針）：左下兩併針、3 下針、1 滑針左下兩併針、將滑針套過左側針、3 下針左下兩併針（共 9 針）

段 6：全部上針

段 7（減針）：左下兩併針、1 下針、1 滑針左下兩併針、將滑針套過左側針、1 下針左下兩併針（共 5 針）

剪斷毛線，用餘線穿過剩下的所有針目，拉緊收針。

領結主體 ④

以下大人小孩尺寸皆同

使用 7mm 棒針與 A 色加上 C 色毛線，起針 8 針。

以起伏針編織 18cm 的長度。

收針。

領結中央繩 ⑤

以下大人小孩尺寸皆同

起針 4 針。

以起伏針編織 10 段。

組合

使用同色毛線縫合帽子主體的接縫，將翅膀反面對齊翅膀內襯的正面與帽子主體的正面，以藏針縫固定，留下卸孔不縫。

縫合鳥喙接縫，製作成圓錐狀，塞進一些填充棉花，再把圓錐狀的鳥喙縫在帽子正中央，就在 A 色毛線與 B 色毛線的交界處，接縫處要朝下。

使用縫衣線，把大顆的黑色釦子縫在兩邊翅膀頂端，把小顆的黑色釦子重疊在大顆的藍色或白色釦子上面，縫在帽子主體上眼睛的位置。

對摺領結主體，縫合比較短的兩端，把接縫處當作領結的中心點背面，用領結中央繩纏繞中心處，稍微拉緊遮住接縫，做出領結的樣子，最後縫合中央繩，固定領結。把別針縫在領結背面，領結就能讓企鵝佩戴了。

製作帽子內襯

做法詳見第 100 到 105 頁，為帽子加上一層舒適的刷毛布料內襯或者是編織內襯。

昂起象鼻的立體大象帽

厚厚大象的耳朵看起來很酷，織成帽子讓人
更倍覺溫暖，即使天氣再冷也不會受到影響。這
頂帽子使用參雜了明亮彩點的粗花呢毛線，替大
象帽增添了些許繽紛的顏色及立體感。

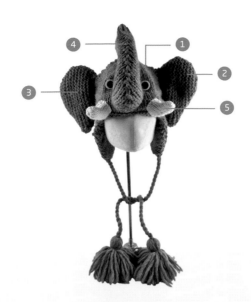

材料

Sublime Chunky Merino Tweed，
80% 羊毛、10% 嫘縈、10% 壓克力
（每球50g/80m）
鴿子灰（235），A色4球
Sublime Extra Fine Merino Wool DK，
100%美麗諾羊毛（每球50g/116m）
雪花白（003），B色1球
7mm棒針1副
4mm棒針1副
直徑2cm〔2.25cm〕白色釦子2個
直徑1.25cm〔1.5cm〕黑色釦子2個
填充棉花少許
防解別針
毛線針
縫衣針
黑色縫衣線
製作流蘇穗子的薄卡紙

完成尺寸

八歲以下兒童〔括號內為大人尺寸〕

織片密度

10cm 平方 =13 針 18 段 / 平針編織，7mm
棒針。為求正確，請依個人編織手勁換用
較大或較小的棒針。

做法

帽子以平針編織，從三角形的耳蓋開始製作。大象耳
朵以起伏針編織，塞進一些填充棉花以後縫在帽子主
體上。大象鼻子與象牙以雙股線製作，增加厚度，最
後縫上釦子當作眼睛，再加上流蘇穗子兩股辮裝飾。

帽子主體 ❶

第一片耳蓋

以下大人小孩尺寸皆同

* 使用 7mm 棒針與 A 色毛線，起針 3 針

段 1（加針）（正面）：下針加針、1 下針、下針加針（共 5 針）

段 2：2 下針、1 上針、2 下針

段 3（加針）：下針加針、3 下針、下針加針（共 7 針）

段 4：2 下針、3 上針、2 下針

段 5（加針）：下針加針、5 下針、下針加針（共 9 針）

段 6：2 下針、5 上針、2 下針

段 7（加針）：下針加針、7 下針、下針加針（共 11 針）

段 8：2 下針、7 上針、2 下針

段 9（加針）：下針加針、9 下針、下針加針（共 13 針）

段 10：2 下針、9 上針、2 下針

段 11（加針）：下針加針、11 下針、下針加針（共 15 針）

段 12：2 下針、11 上針、2 下針

以下僅大人尺寸需要

段 13（加針）：下針加針、13 下針、下針加針（共 17 針）

段 14：2 下針、13 下針、2 下針

以下大人小孩尺寸皆同

段 15：全部下針

段 16：編織方法與段 12〔14〕相同 *
剪斷毛線，暫時以防解別針固定。

第二片耳蓋

首先與第一片耳蓋做法相同（參照兩個星號 * 之間的編織法）

繼續：起針 5 針，折返沿起針編織 5 下針，再沿同片耳蓋編織 15〔17〕個下針（共 20〔22〕針），翻面，繼續起針 21 針，再翻面，加上第一片耳蓋，沿第一片耳蓋編織 15〔17〕個下針接起兩片耳蓋，翻面，再繼續起針 5 針（共 61〔65〕針）

下一段（反面）：7 下針、11〔13〕上針、25 下針、11〔13〕上針、7 下針

下一段：全部下針

最後兩段重複 1 次，接著從全段上針開始，以平針編織 19〔21〕段，最後一段在反面結尾。

塑形帽頂

段 1（正面）（減針）：左下兩併針、（12〔13〕下針、1 滑針、左下兩併針、滑針套過左側針）括號內此組編織法重複 3 次、12〔13〕下針、左下兩併針（共 53〔57〕針）

段 2：全部上針

段 3（減針）：左下兩併針、（10〔11〕下針、1 滑針、左下兩併針、滑針套過左側針）括號內此組編織法重複 3 次、10〔11〕下針、左下兩併針（共 45〔49〕針）

段 4：全部上針

段 5（減針）：左下兩併針、（8〔9〕下針、1 滑針、左下兩併針、滑針套過左側針）括號內編織法重複 3 次、8〔9〕下針、左下兩併針（共 37〔41〕針）

段 6：全部上針

段 7（減針）：左下兩併針、（6〔7〕下針、1 滑針、左下兩併針、滑針套過左側針）括號內此組編織法重複 3 次、6〔7〕下針、左下兩併針（共 29〔33〕針）

段 8：全部上針

段 9（減針）：左下兩併針、（4〔5〕下針、1 滑針、左下兩併針、滑針套過左側針）括號內此組編織法重複 3 次、4〔5〕下針、左下兩併針（共 21〔25〕針）

段 10：全部上針

段 11（減針）：左下兩併針、（2〔3〕下針、1 滑針、左下兩併針、滑針套過左側針）括號內此組編織法重複 3 次、2〔3〕下針、左下兩併針（共 13〔17〕針）

以下僅大人尺寸需要

段 12：全部上針

段 13（減針）：左下兩併針、（1 下針、1 滑針、左下兩併針、滑針套過左側針）括號內此組編織法重複 3 次、1 下針、左下兩併針（共 9 針）

以下大人小孩尺寸皆同

剪斷毛線，用餘線穿過剩下的所有針目，拉緊收針。

耳蓋內襯（製作 2 個）

如果打算製作編織內襯，此步驟可省略。
使用 7mm 棒針與 A 色毛線，起針 3 針，依照耳蓋的製作方法編織段 1 到段 16

下一步：段 15 與段 16 重複 3 次
彈性收針。

外耳（製作 2 個）❷

使用 7mm 棒針與 A 色毛線，起針 12〔14〕針

段 1 至段 2：全部下針

段 3（加針）：下針加針、編織下針到結束、下針加針（共 14〔16〕針）

段 4（加針）：下針加針、編織下針到結束（共 15〔17〕針）

最後兩段重複到剩下 21〔23〕針為止

下一段（加針）：編織下針到結束、下針加針（共 22〔24〕針）

下一段（加針）：下針加針、編織下針到結束（共 23〔25〕針

編織下針 1〔3〕段，不塑形

下一段（減針）：左下兩併針、編織下針到結束（共 22〔24〕針）

下一段（減針）：編織下針到剩下 2 針為止、左下兩併針（共 21〔23〕針）

最後兩段重複 1 次（共 19〔21〕針）

下一段（減針）：左下兩併針、編織下針到結束（共 18〔20〕針）

下一段（減針）：左下兩併針、編織下針到結束（共 16〔18〕針）

下一段（減針）：左下兩併針、編織下針到結束（共 15〔17〕針）

最後兩段重複 2 次（共 9〔11〕針）

下一段（減針）：左下兩併針、編織下針到結束（共 7〔9〕針）

以下僅大人尺寸需要

下一段（減針）：左下兩併針、編織下針到剩下 2 針為止、左下兩併針（共 7 針）

以下大人小孩尺寸皆同

收針。

內耳（製作 2 個）❸

跟外耳做法相同。

大象鼻子 ❹

使用 7mm 棒針與 A 色毛線，拉雙股線，起針 19〔21〕針

段 1（減針）：左下兩併針、編織下針到剩下 2 針為止、左下兩併針（共 17〔19〕針）

段 2：全部上針

段 3：下針加針、6〔7〕下針、1 滑針、左下兩併針、將滑針套過左側針、6〔7〕下針、下針加針

段 4：全部上針

最後兩段重複 2 次

段 9：編織方法與段 3 相同

段 10：下針加針、6〔7〕上針、左上兩併針、把剛併好的 1 針掛回左邊的棒針上、用下 1 針套過這 1 針，再把這 1 針掛回右邊的棒針上、6〔7〕上針、下針加針

最後兩段重複 5 次

段 21（減針）：7〔8〕下針、1 滑針、左下兩併針、將滑針套過左側針、7〔8〕下針（共 15〔17〕針）

段 22：全部上針

以下僅大人尺寸需要

段 23（減針）：7 下針、1 滑針、左下兩併針、將滑針套過左側針、7 下針（共 15 針）

段 24：全部上針

塑形頂端

以下大人小孩尺寸皆同

下一段：收針 4 針、編織下針到結束（共

11 針）

下一段：收針 4 針、編織上針至結束（共 7 針）

下一段（減針）：左下兩併針、3 下針、左下兩併針（共 5 針）

下一段：全部上針

下一段（減針）：左下兩併針、1 下針、左下兩併針（共 3 針）

下一段：全部上針

下一段：1 滑針、左下兩併針、將滑針套過左側針
拉緊收針。

象牙（製作 2 個）❺

使用 4mm 棒針與 B 色毛線，拉雙股線，起針 17〔19〕針

段 1（減針）：左下兩併針、編織下針到剩下 2 針為止、左下兩併針（共 15〔17〕針）

段 2：全部上針

段 3（減針）：左下兩併針、編織下針到剩下 2 針為止、左下兩併針（共 13〔15〕針）

段 4：全部上針

段 5（減針）：5〔6〕下針、1 滑針、左下兩併針、將滑針套過左側針、5〔6〕下針（共 11〔13〕針）

段 6：全部上針

段 7：下針加針、3〔4〕下針、1 滑針、左下兩併針、將滑針套過左側針、3〔4〕下針

段 8：全部上針

最後兩段重複 2〔3〕次

下一段（減針）：4〔5〕下針、1 滑針、左下兩併針、將滑針套過左側針、4〔5〕下針（共 9〔11〕針）

下一段：全部上針

下一段（減針）：左下兩併針、1〔2〕下針、1 滑針、左下兩併針、將滑針套過左側針、1〔2〕下針、左下兩併針（共

5〔7〕針）

剪斷毛線，用餘線穿過剩下的所有針目，拉緊收針。

組合

對齊後，縫合耳蓋內襯與耳蓋，由主體的邊緣開始縫合，結尾同樣停在主體邊緣，起針重疊處先不縫合，翻出正面，接著再以藏針縫將重疊的開口縫合到主體內側。

對齊後縫合外耳與內耳，留一個開口先不縫合，翻出正面，塞進棉花保持平整縫合。將起針段縫在帽子主體兩邊，耳朵尖處朝下。

對摺大象的鼻子，對齊接合處，從 V 字型鼻尖開始縫合至起針邊為止，起針邊先不縫合，塞進棉花儘量壓緊，以棒針將棉花推到鼻尖處。將象鼻固定在帽子主體上，沿著起針段邊緣縫好，鼻尖固定在帽子頂端處。縫合象牙彎曲的接合處，塞緊棉花縫在象鼻兩側。

以 A 色毛線製作兩條兩股辮（做法詳見第 118 頁），長度約為 20〔30〕cm，製作時使用 6〔8〕股毛線。以 A 色毛線製作兩個流蘇穗子（做法詳見第 119 頁），長度為 10〔13〕cm，流蘇穗子分別接在兩股辮下方，兩股辮的另一端則縫在耳蓋尖端處。

小黑色釦子重疊在大白色釦子上，縫在帽子主體眼睛位置。

製作帽子內襯

做法詳見第 100 到 105 頁，為帽子加上一層舒適的刷毛布料內襯或者是編織內襯。

monkey

淘氣可愛小猴帽

這個淘氣的小傢伙是用低調的咖啡色與灰色
毛圈線製作而成,可以隨心所欲換成明亮的對比
色系,也可以使用不同材質的毛線,創造出截然不
同的風格,是款令人眼睛為之一亮的帽子。

材料

任選毛圈線（bouclé yarn）
或是質料特殊的毛線均可
咖啡色，A色3球
灰色，B色1球
6mm棒針1副
直徑2cm〔2.25cm〕咖啡色釦子2個
直徑1.25cm〔1.5cm〕黑色釦子2個
防解別針
毛線針
縫衣針
黑色縫衣線
填充棉花少許
製作流蘇穗子的薄卡紙

完成尺寸

八歲以下兒童〔括號內為大人尺寸〕

織片密度

10cm 平方 =13 針 18 段 / 平針編織，6mm
棒針。為求正確，請依個人編織手勁換用
較大或較小的棒針。

做法

小猴子的耳朵以及臉部分別另外編織，再縫到製作好的帽子主體上，猴子臉的下半部稍微塞進一點棉花，塑造出形狀，繡上鼻孔，最後再加上流蘇穗子辮裝飾。

帽子主體 ❶

第一片耳蓋

以下大人小孩尺寸皆同

* 使用 6mm 棒針與 A 色毛線，起針 3 針

段 1（加針）（正面）：下針加針、1 下針、下針加針（共 5 針）

段 2：2 下針、1 上針、2 下針

段 3（加針）：下針加針、3 下針、下針加針（共 7 針）

段 4：2 下針、3 上針、2 下針

段 5（加針）：下針加針、5 下針、下針加針（共 9 針）

段 6：2 下針、5 上針、2 下針

段 7（加針）：下針加針、7 下針、下針加針（共 11 針）

段 8：2 下針、7 上針、2 下針

段 9（加針）：下針加針、9 下針、下針加針（共 13 針）

段 10：2 下針、9 上針、2 下針

段 11（加針）：下針加針、11 下針、下針加針（共 15 針）

段 12：2 下針、11 上針、2 下針

以下僅大人尺寸需要

段 13（加針）：下針加針、13 下針、下針加針（共 17 針）

段 14：2 下針、13 上針、2 下針

以下大人小孩尺寸皆同

段 15：全部下針

段 16：織法同段 12〔大人尺寸同段 14〕*
剪線，暫時用防解別針固定。

第二片耳蓋

首先與第一片耳蓋做法相同（參照兩個星號 * 之間的編織法）。

繼續：起針 5 針，折返沿起針編織 5 下針，再沿同片耳蓋編織 15〔17〕個下針（共 20〔22〕針），翻面，繼續起針 21 針，再翻面，加上第一片耳蓋，沿第一片耳蓋編織 15〔17〕個下針接起兩片耳蓋，翻面，再繼續起針 5 針（共 61〔65〕針）

下一段（反面）：7 下針、11〔13〕上針、25 下針、11〔13〕上針、7 下針

下一段：全部下針

最後兩段重複 1 次，接著從全段上針開始，以平針編織 19〔21〕段，最後一段在反面結尾。

塑形帽頂

段 1（正面）（減針）：左下兩併針、（12〔13〕下針、1 滑針、左下兩併針、滑針套過左側針）括號內此組編織法重複 3 次、12〔13〕下針、左下兩併針（共 53〔57〕針）

段 2：全部上針

段 3（減針）：左下兩併針、（10〔11〕下針、1 滑針、左下兩併針、滑針套過左側針）括號內此組編織法重複 3 次、10〔11〕下針、左下兩併針（共 45〔49〕針）

段 4：全部上針

段 5（減針）：左下兩併針、（8〔9〕下針、1 滑針、左下兩併針、滑針套過左側針）將括號內此組編織法重複 3 次、8〔9〕下針、左下兩併針（共 37〔41〕針）

段 6：全部上針

段 7（減針）：左下兩併針、（6〔7〕下針、1 滑針、左下兩併針、滑針套過左側針）括號內此組編織法重複 3 次、6〔7〕下針、左下兩併針（共 29〔33〕針）

段 8：全部上針

段 9（減針）：左下兩併針、（4〔5〕下針、1 滑針、左下兩併針、滑針套過左側針）括號內此組編織法重複 3 次、4〔5〕下針、左下兩併針（共 21〔25〕針）

段 10：全部上針

段 11（減針）：左下兩併針、（2〔3〕下針、1 滑針、左下兩併針、滑針套過左側針）括號內此組編織法重複 3 次、2〔3〕下針、左下兩併針（共 13〔17〕針）

以下僅大人尺寸需要

段 12：全部上針

段 13（減針）：左下兩併針、（1 下針、1 滑針、左下兩併針、滑針套過左側針）括號內此組編織法重複 3 次、1 下針、左下兩併針（共 9 針）

以下大人小孩尺寸皆同

剪斷毛線，用餘線穿過剩下的所有針目，拉緊收針。

耳蓋內襯（製作 2 個）

如果打算製作編織內襯，此步驟可省略。

使用 7mm 棒針與 A 色毛線，起針 3 針，依照耳蓋的製作方法編織段 1 到段 16

下一步：段 15 與段 16 重複 3 次
彈性收針。

臉部 ❷

由下巴開始編織，使用 6mm 棒針與 B 色毛線，起針 11〔13〕針

段 1（正面）：全部下針

段 2（加針）：下針加針、9〔11〕下針、下針加針（共 13〔15〕針）

段 3：全部下針

段4（加針）：下針加針、11〔13〕下針、下針加針（共15〔17〕針）

段5：2B色下針、接上A色毛線，11〔13〕A色下針、2B色下針

段6：2B色下針、11〔13〕A色下針、2B色下針

繼續使用B色毛線

段7至段8：全部下針

段9（減針）：左下兩併針、11〔13〕下針、左下兩併針（共13〔15〕針）

段10：全部下針

段11（減針）：左下兩併針、9〔11〕下針、左下兩併針（共11〔13〕針）

段12：全部下針

段13（加針）：下針加針、9〔11〕下針、下針加針（共13〔15〕針）

段14：全部上針

段15（加針）：下針加針、5〔6〕下針、下針加針、5〔6〕下針、下針加針（共16〔18〕針）

段16：全部上針

以下僅大人尺寸需要

段17（加針）：下針加針、16下針、下針加針（共20針）

段18：全部上針

塑造臉部上半部
以下大人小孩尺寸皆同
兩邊分別編織製作

段19（減針）：左下兩併針、4〔6〕下針、左下兩併針、翻面（共6〔8〕針）

段20：6〔8〕上針

段21（減針）：左下兩併針、2〔4〕下針、左下兩併針、翻面（共4〔6〕針）

段22：4〔6〕上針
收針4〔6〕針
正面朝上，剩下的針目繼續依照段19至段

22編織，製作出與第一邊相同的另一邊，收針。

外耳（製作2個）③

使用6mm棒針與A色毛線，起針5〔7〕針

段1（加針）（反面）：下針加針、3〔5〕下針、下針加針（共7〔9〕針）

段2（正面）：全部下針

段3（加針）：下針加針、5〔7〕下針、下針加針（共9〔11〕針）

以下大人小孩尺寸皆同

以起伏針編織10〔12〕段收針。

內耳（製作2個）④

與外耳做法相同。

組合

使用同色毛線縫合接縫。

以正面對齊正面，將耳蓋內襯與耳蓋縫合，由主體的邊緣開始縫合，結尾同樣停在主體邊緣，起針重疊處先不縫合，翻出正面，接著再以藏針縫將重疊的開口縫合到主體內側。

把臉部用別針固定在帽子前面，起針段對齊起伏針邊緣上面，以藏針縫固定臉部上半部，再用回針縫固定臉部中央最窄的一段。以藏針縫固定臉部下半部，留下一個開口先不縫合，塞進一些棉花，塑造出嘴巴和下巴的形狀，縫合開口，拉緊收針。

以正面對齊正面，將外耳與內耳縫合，留著起針段的開口先不縫合，翻出正面，塞進一些棉花，保持形狀平整，

縫合起針段的開口。

將耳朵縫在帽子主體兩邊，與臉部上半部一樣高度的地方，沿著耳朵起針段邊緣縫一整圈，可以避免耳朵往下垂。

以A色毛線製作兩條兩股辮（做法詳見第118頁），長度約為20〔30〕cm，製作時使用6〔8〕股毛線。

以B色毛線製作兩個流蘇穗子（做法詳見第119頁），長度為10〔13〕cm，把兩個流蘇穗子分別接在兩條兩股辮下方，兩股辮的另一端則縫在耳蓋尖端的地方。

使用A色毛線縫一對法式結粒繡（做法詳見第115頁）當作鼻孔。使用縫衣線，把小顆的黑色釦子重疊在大顆的咖啡色釦子上面，一起縫在眼睛的地方。

製作帽子內襯

做法詳見第100到105頁，為帽子加上一層舒適的刷毛布料內襯或者是編織內襯。

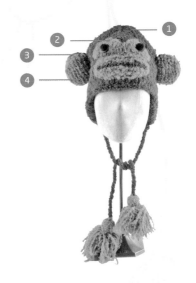

卡哇伊粉紅豬帽

粉紅色的小豬帽由柔軟的粗毛線製作而成，
反摺的羅紋鬆緊編織能讓溫暖加倍，立體可愛的
大耳朵、栩栩如生的豬鼻子，彎曲吸睛的小尾巴，
絕對能夠驅散冬天裡的憂鬱。

材料

Debbie Bliss Rialto Chunky，
100%頂級美麗諾羊毛（每球50g/60m）
桃紅色（016），A色3球
6.5mm 棒針1副
7mm棒針1副
直徑2cm〔2.25cm〕白色釦子2個
直徑1.25cm〔1.5cm〕黑色釦子2個
直徑大約1.25cm的黑色小釦子2個，
用來當作鼻孔
填充棉花少許
毛線針
縫衣針
黑色縫衣線

完成尺寸

八歲以下兒童〔括號內為大人尺寸〕

織片密度

10cm 平方 =13 針 18 段 / 平針編織，7mm
棒針。為求正確，請依個人編織手勁換用
較大或較小的棒針。

做法

帽子主體的製作方法與其他動物帽子相同，除了用雙羅紋鬆緊編織取代耳蓋以外。小豬的耳朵、鼻子和尾巴分別另外編織，最後再縫到製作好的帽子主體上。

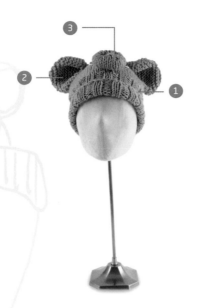

帽子主體 ❶

使用 6.5mm 棒針與 A 色毛線，開始起針 60〔64〕針。

編織雙羅紋鬆緊編（2 上針、2 下針）至 11.5〔12.75〕cm 的長度，

接著換成 7mm 棒針。

下一段（加針）（正面）： 下針加針、編織下針到結束（共 61〔65〕針）

接著從上針段開始，以平針編織 15〔17〕段，最後一段在反面結束。

塑形帽頂

段 1（正面）（減針）： 左下兩併針、（12〔13〕下針、1 滑針、左下兩併針、滑針套過左側針）括號內此組編織法重複 3 次、12〔13〕下針、左下兩併針（共 53〔57〕針）

段 2： 全部上針

段 3（減針）： 左下兩併針、（10〔11〕下針、1 滑針、左下兩併針、滑針套過左側針）括號內此組編織法重複 3 次、10〔11〕下針、左下兩併針（共 45〔49〕針）

段 4： 全部上針

段 5（減針）： 左下兩併針、（8〔9〕下針、1 滑針、左下兩併針、滑針套過左側針）括號內此組編織法重複 3 次、8〔9〕下針、左下兩併針（共 37〔41〕針）

段 6： 全部上針

段 7（減針）： 左下兩併針、（6〔7〕下針、1 滑針、左下兩併針、滑針套過左側針）括號內此組編織法重複 3 次、6〔7〕下針、左下兩併針（共 29〔33〕針）

段 8： 全部上針

段 9（減針）： 左下兩併針、（4〔5〕下針、1 滑針、左下兩併針、滑針套過左側針）括號內此組編織法重複 3 次、4〔5〕下針、左下兩併針（共 21〔25〕針）

段 10： 全部上針

段 11（減針）： 左下兩併針、（2〔3〕下針、1 滑針、左下兩併針、滑針套過左側針）括號內此組編織法重複 3 次、2〔3〕下針、左下兩併針（共 13〔17〕針）

以下僅大人尺寸需要

段 12： 全部上針

段 13（減針）： 左下兩併針、（1 下針、1 滑針、左下兩併針、滑針套過左側針）括號內此組編織法重複 3 次、1 下針、左下兩併針（共 9 針）

以下大人小孩尺寸皆同

剪斷毛線，用餘線穿過剩下的所有針目，拉緊收針。

豬耳朵（製作 2 個）❷

使用 7mm 棒針與 A 色毛線，起針 6 針。

段 1（加針）： 下針加針、1 下針、下針加針（重複 2 次）、1 下針、下針加針（共 10 針）

段 2（加針）： 下針加針、3 下針、下針加針（重複 2 次）、3 下針、下針加針（共 14 針）

段 3（加針）： 下針加針、5 下針、下針加針（重複 2 次）、5 下針、下針加針（共 18 針）

段 4（加針）： 下針加針、7 下針、下針加針（重複 2 次）、7 下針、下針加針（共 22 針）

段 5（加針）： 下針加針、9 下針、下針加針（重複 2 次）、9 下針、下針加針（共 26 針）

段 6（加針）： 下針加針、11 下針、下針加針（重複 2 次）、11 下針、下針加針（共 30 針）

以下僅大人尺寸需要

段 7（加針）： 下針加針、13 下針、下針加針（重複 2 次）、13 下針、下針加針（共 34 針）

以下大人小孩尺寸皆同

以起伏針編織 11〔15〕段

收針

豬鼻子 ❸

從背面開始,使用 7mm 棒針與 A 色毛線,起針 5〔7〕針。

段1(加針):(1下針、下針加針)括號內此組編織法重複 2〔3〕次、1下針(共 7〔10〕針)

段2:全部上針

段3(加針):(1下針、下針加針重複 2 次)括號內此組編織法重複 3 次、1下針(共 10〔16〕針)

以下僅大人尺寸需要

段4:全部上針

段5(加針):1下針、(下針加針重複 2 次、2下針)括號內此組編織法重複 3 次、下針加針重複 2 次、1下針(共 24 針)

以下大人小孩尺寸皆同

以平針編織 3〔5〕段

以下僅大人尺寸需要

段11(減針):1下針、(左下兩併針重複 2 次、2下針)括號內此組編織法重複 3 次、左下兩併針重複 2 次、1下針(共 16 針)

段12:全部上針

段13(減針):(1下針、左下兩併針重複 2 次)括號內此組編織法重複 3 次、1下針(共 7〔10〕針)

段14:全部上針

段15(減針):(1下針、左下兩併針)括號內此組編織法重複〔2〕3 次、1下針(共 5〔7〕針)

剪斷毛線,用餘線穿過剩下的所有針目,拉緊收針。

捲捲的尾巴 ❹

使用 7mm 棒針與 A 色毛線,鬆鬆地起針〔18〕22 針,為了達到寬鬆效果,不要使用麻花式起針的方法(就是把棒針穿過兩針之間,詳見第 109 頁),而是要穿過剛好的一針,起針後換成 6.5mm 棒針,拉緊做套收針。

組合

以正面對齊正面,使用同色毛線縫合接縫,從帽頂一直縫合到羅紋鬆緊編剩下一半的地方,翻出正面,再繼續縫合往

上摺的這一段羅紋鬆緊編。

縫合豬鼻子接縫,留一個開口先不縫合,塞進一些棉花,接著再縫合開口。縫上黑色小釦子,拉緊縫線釘牢,做出鼻孔的模樣。把豬鼻子縫在帽子主體前面的正中央,大約在起伏針邊緣的上面。

以正面對齊正面,對摺豬耳朵,縫合側邊接縫,翻出正面,縫合起針段的開口。將起針段兩端拉到中央,做出耳朵的模樣,縫合固定,再把兩隻耳朵縫在帽子主體上。

使用縫衣線,把小顆的黑色釦子重疊在大顆的白色釦子上面,縫在帽子主體上眼睛的位置。

把豬尾巴縫在帽子後方中央的位置,大約在羅紋鬆緊編的上方處。

製作帽子內襯

做法詳見第 100 到 105 頁,為帽子加上一層舒適的刷毛布料內襯或者是編織內襯。

fox

狐狸帽子

身穿橘紅色大衣的狐狸先生看起來既瀟灑又時
髦,米黃色部分採用嵌花編織製作而成,如煤玉黑般
色澤的鼻子,還有柔軟的毛海耳朵,加上繫了絨球的狐
狸尾巴兩股辮,更能夠表現出此款帽子的特色。

材料

Debbie Bliss Rialto Chunky，
100%美麗諾羊毛（每球50g/60m）
深褐色（005），A色3〔3〕球
米黃色（003），B色1〔2〕球
*Debbie Bliss Angel，
76% 幼毛海、24% 絲（每球25g/200m）
黑色（02），C色1〔1〕球
*Rowan Shimmer，60%酮氨嫘縈纖維、
40%聚酯纖維（每球25g/175m）
煤玉黑（095），D色1〔1〕球
7mm棒針1副
4mm棒針1副
直徑2cm〔2.25cm〕咖啡色鈕子2個
直徑1.25cm〔1.5cm〕黑色鈕子2個
填充棉花少許
防解別針
毛線針
縫衣針
黑色縫衣線
製作絨球的薄卡紙
*有此記號的毛線拉雙股使用

完成尺寸

八歲以下兒童〔括號內為大人尺寸〕

織片密度

10cm 平方 =13 針 18 段 / 平針編織，7mm
棒針。為求正確，請依個人編織手勁換用
較大或較小的棒針。

狐狸嵌花編織圖樣（8段╳61〔65〕針）

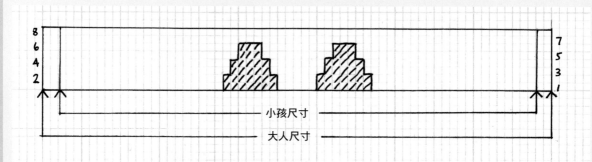

小孩尺寸

大人尺寸

做法

狸的特徵以簡易的嵌花編織圖樣製作，造出 3D 的立體效果，小小的黑色鼻子和耳朵分別另外編織。

帽子主體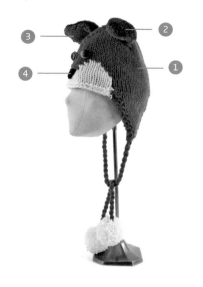

第一片耳蓋

大人小孩尺寸皆同

使用 7mm 棒針與 A 色毛線，起針 3 針。

段 1（加針）（正面）：下針加針、1 下針、下針加針（共 5 針）

段 2：2 下針、1 上針、2 下針

段 3（加針）：下針加針、3 下針、下針加針（共 7 針）

段 4：2 下針、3 上針、2 下針

段 5（加針）：下針加針、5 下針、下針加針（共 9 針）

段 6：2 下針、5 上針、2 下針

段 7（加針）：下針加針、7 下針、下針加針（共 11 針）

段 8：2 下針、7 上針、2 下針

段 9（加針）：下針加針、9 下針、下針加針（共 13 針）

段 10：2 下針、9 上針、2 下針

段 11（加針）：下針加針、11 下針、下針加針（共 15 針）

段 12：2 下針、11 上針、2 下針

以下僅大人尺寸需要

段 13（加針）：下針加針、13 下針、下針加針（共 17 針）

段 14：2 下針、13 上針、2 下針

以下大人小孩尺寸皆同

段 15：全部下針

段 16：編織方法與段 12〔14〕相同 *
剪斷毛線，暫時以防解別針固定。

第二片耳蓋

首先與第一片耳蓋做法相同（參照兩個星號 * 之間的編織法）

接著以嵌花編織製作：

下一段：起針 5 針，折返沿起針編織 5 下針，再沿同片耳蓋編織 15〔17〕個下針（共 20〔22〕針），翻面，繼續以 B 色毛線起針 21 針，再翻面，加上第一片耳蓋，沿第一片耳蓋編織 15〔17〕個下針接起兩片耳蓋，翻面，再繼續起針 5 針（共 61〔65〕針）。

下一段（反面）：7A 色下針、11〔13〕A 色上針、2A 色下針、21B 色下針、2A 色下針、11〔13〕A 色上針、7A 色下針

下一段：20〔22〕A 色下針、21B 色下針、20〔22〕A 色下針

最後兩段重複 1 次

下一段（反面）：20〔22〕A 色上針、21B 色上針、20〔22〕A 色上針

下一段：20〔22〕A 色下針、21B 色下針、20〔22〕A 色下針

以下僅大人尺寸需要

最後兩段重複 1 次

以下大人小孩尺寸皆同

再編織一次反面段，在反面結束。

依照編織圖樣（詳見第 50 頁）製作接下來的 8 段嵌花，也可以依照下列說明製作。

段 1：21〔23〕A 色下針、7B 色下針、5A 色下針、7B 色下針、21〔23〕A 色下針

段 2：21〔23〕A 色上針、7B 色上針、5A 色上針、7B 色上針、21〔23〕A 色上針

段 3：22〔24〕A 色下針、5B 色下針、7A 色下針、5B 色下針、22〔24〕A 色下針

段 4：22〔24〕A 色上針、5B 色上針、7A 色上針、5B 色上針、22〔24〕A 色上針

段 5：23〔25〕A 色下針、3B 色下針、9A 色下針、3B 色下針、23〔25〕A 色下針

段 6：23〔25〕A 色上針、3B 色上針、9A 色上針、3B 色上針、23〔25〕A 色上針

段 7：A 色下針至結束

段 8：A 色上針至結束

最後兩段重複 4 次

塑形帽頂

段 1（正面）（減針）：左下兩併針、（12〔13〕下針、1 滑針、左下兩併針、滑針套過左側針）括號內此組編織法重複 3 次、12〔13〕下針、左下兩併針（共 53〔57〕針）

段 2：全部上針

段 3（減針）：左下兩併針、（10〔11〕下針、1 滑針、左下兩併針、滑針套過左側針）括號內此組編織法重複 3 次、10〔11〕下針、左下兩併針（共 45〔49〕針）

段 4：全部上針

段 5（減針）：左下兩併針、（8〔9〕下針、1 滑針、左下兩併針、滑針套過左側針）括號內此組編織法重複 3 次、8〔9〕下針、左下兩併針（共 37〔41〕針）

段 6：全部上針

段 7（減針）：左下兩併針、（6〔7〕下針、1 滑針、左下兩併針、滑針套過左側針）括號內此組編織法重複 3 次、6〔7〕下針、左下兩併針（共 29〔33〕針）

段 8：全部上針

段 9（減針）：左下兩併針、（4〔5〕下針、1 滑針、左下兩併針、滑針套過左側針）括號內此組編織法重複 3 次、4〔5〕下針、

左下兩併針（共 21〔25〕針）

段 10：全部上針

段 11（減針）：左下兩併針、（2〔3〕下針、1 滑針、左下兩併針、滑針套過左側針）括號內此組編織法重複 3 次、2〔3〕下針、左下兩併針（共 13〔17〕針）

以下僅大人尺寸需要

段 12：全部上針

段 13（減針）：左下兩併針、（1 下針、1 滑針、左下兩併針、滑針套過左側針）括號內此組編織法重複 3 次、1 下針、左下兩併針（共 9 針）

以下大人小孩尺寸皆同

剪斷毛線，用餘線穿過剩下的所有針目，拉緊收針。

耳蓋內襯（製作 2 個）

如果打算製作編織內襯，此步驟可省略。

使用 7mm 棒針與 A 色毛線，起針 3 針，依照耳蓋的製作方法編織段 1 到段 16

下一步：段 15 與段 16 重複 3 次

彈性收針

外耳（製作 2 個）②

以下大人小孩尺寸皆同

使用 7mm 棒針與 C 色毛線，拉雙股線，起針 3 針。

段 1（加針）：下針加針、1 下針、下針加針（共 5 針）

段 2：全部上針

段 3（加針）：下針加針、3 下針、下針加針（共 7 針）

段 4：全部上針

段 5（加針）：下針加針、5 下針、下針加針（共 9 針）

段 6：全部上針

段 7（加針）：下針加針、7 下針、下針加針（共 11 針）

段 8：全部上針

段 9（加針）：下針加針、9 下針、下針加針（共 13 針）

以下僅大人尺寸需要

段 10：全部上針

段 11（加針）：下針加針、11 下針、下針加針（共 15 針）

段 12：全部上針

段 13（加針）：下針加針、13 下針、下針加針（共 17 針）

以下大人小孩尺寸皆同

以平針編織 5 段

收針

內耳（製作 2 個）③

使用 7mm 棒針與 A 色毛線，起針 3 針。

段 1（加針）：下針加針、1 下針、下針加針（共 5 針）

從上針段開始，以平針編織 3 段

段 5（加針）：下針加針、3 下針、下針加針（共 7 針）

以平針編織 3 段

段 9（加針）：下針加針、5 下針、下針加針（共 9 針）

以平針編織 5〔3〕段

以下僅大人尺寸需要

段 13（加針）：下針加針、7 下針、下針加針（共 11 針）

以平針編織 5 段

以下大人小孩尺寸皆同

收針，留一段稍微長一點的毛線。

鼻子 ④

以下大人小孩尺寸皆同

從鼻子比較窄的底部開始製作，使用 4mm 棒針與 D 色毛線，拉雙股線，起針 5 針。

段 1（加針）：（1 下針、下針加針）

將括號內此組編織法重複 2 次、1 下針（7 針）

段 2：全部上針

段 3（加針）：1 下針、下針加針 2 次、下針、下針加針 2 次、1 下針（共 11 針）

以下僅大人尺寸需要

段 4：全部上針

段 5（加針）：2 下針、下針加針 2 次、下針、下針加針 2 次、2 下針（共 15 針）

以下大人小孩尺寸皆同

以下針方向收針

組合

對齊後縫合耳蓋內襯與耳蓋，從邊緣開始縫，也在邊緣結尾，起針重疊處先不縫合翻出正面，接著再以藏針縫將重疊的開口縫合到主體內側。

對齊後縫合外耳與內耳，留著起針段的開口先不縫合，翻出正面，調整位置，塞進一些棉花，保持形狀平整，縫合起針段的開口。將起針段兩端拉到中央，做出耳朵的模樣，先縫合固定後再縫在帽子主體上，沿著耳朵起針段邊緣縫一整圈，可避免耳朵往下垂。

縫合鼻子邊緣的接縫，把接縫處置於中央背面，先縫合較短的起針段，再縫合比較長的收針段。把鼻子縫在帽子主體前面中間的地方，就在 A 色毛線與 B 色毛線交界處的中心點。

以 A 色毛線製作兩條兩股辮（做法詳見第 114 頁），長度約為 20〔30〕cm，製作時使用 6〔8〕股毛線。

以 A 色毛線製作兩個絨球（做法詳見第 114 頁），直徑大小為 5〔6〕cm，把兩個絨球分別接在兩條兩股辮下方，兩股辮的

另一端則縫在耳蓋尖端的地方。

小黑色釦子重疊在大咖啡色釦子上，
縫在眼睛處。

製作帽子內襯
做法詳見第 100 到 105 頁，為帽子
加上一層舒適的刷毛布料內襯或者
是編織內襯。

lion

威武神氣獅王帽

採用圈圈針編織方式做出獅王華麗的鬃毛，
在帽子主體上呈現出毛皮的效果，編織的方式雖
然較為寬鬆，不過因採用純羊毛毛線，仍然能夠
帶來濃濃的暖意，兩球毛茸茸的毛線球，為獅王帽
添了些許趣味。

材料

Erika Knight Fat Maxi Wool，
100%純英國羊毛（每球100g/80m）
芥末黃（206），A色3球
黑色粗線少許，B色
12mm棒針1副
7mm棒針1副
直徑2cm〔2.25cm〕咖啡色釦子2個
直徑1.25cm〔1.5cm〕黑色釦子2個
防解別針
毛線針
縫衣針
黑色縫衣線
製作絨球的薄卡紙

完成尺寸

八歲以下兒童〔括號內為大人尺寸〕

織片密度

10cm 平方 =8 針 12 段 / 平針編織，12mm
棒針。為求正確，請依個人編織手勁換用
較大或較小的棒針。

做法

直接在帽子主體上編織製作出獅子鬃毛，從耳蓋開始編織，圈圈針雖然會改變帽子主體的織片密度，卻能做出蓬鬆的鬃毛。耳朵和鼻子分別另外編織，再縫到製作好的帽子主體上，加上釦子當作眼睛，最後再縫上絨球兩股辮就完成了。

帽子主體 ❶

第一片耳蓋

以下大人小孩尺寸皆同

* 使用 12mm 棒針與 A 色毛線，起針 3 針

段1（加針）（正面）：下段1（加針）（正面）：下針加針、1 下針、下針加針（共 5 針）

段2：2 下針、1 上針、2 下針

段3（加針）：下針加針、3 圈圈針、下針加針（共 7 針）

段4：2 下針、3 上針、2 下針

段5（加針）：下針加針、5 圈圈針、下針加針（共 9 針）

段6：2 下針、5 上針、2 下針

以下僅大人尺寸需要

段7（加針）：下針加針、7 圈圈針、下針加針（共 11 針）

段8：2 下針、7 上針、2 下針

以下大人小孩尺寸皆同

段9：2 下針、5〔7〕圈圈針、2 下針

段10：編織方法與段6〔8〕相同 *

剪斷毛線，暫時以防解別針固定。

第二片耳蓋

首先與第一片耳蓋做法相同（參照兩個星號 * 之間的編織法）。

下一段：起針 4 針，折返沿起針編織 4 下針，再沿同片耳蓋編織 2 下針、5〔7〕圈圈針、2 下針（共 13〔15〕針），翻面，繼續起針 15 針，再翻面，加上第一片耳蓋，沿第

一片耳蓋編織 2 下針、5〔7〕圈圈針、2 下針，接起兩片耳蓋，翻面，再繼續起針 4 針（共 41〔45〕針）。

下一段（反面）：6 下針、5〔7〕上針、19 下針、5〔7〕上針、6 下針

下一段：6 下針、5〔7〕圈圈針、19 下針、5〔7〕圈圈針、6 下針

反面段再重複 1 次

下一段：1 下針、12〔14〕圈圈針、15 下針、12〔14〕圈圈針、1 下針

下一段：上針至結束

最後兩段重複 2〔3〕次

塑形臉部

段1：1 下針、13〔15〕圈圈針、13 下針、13〔15〕圈圈針、1 下針

段2：編織上針至結束

段3：1 下針、14〔16〕圈圈針、11 下針、14〔16〕圈圈針、1 下針

段4：編織上針至結束

段5：1 下針、15〔17〕圈圈針、9 下針、15〔17〕圈圈針、1 下針

段6：編織上針至結束

段7：1 下針、編織圈圈針到剩下 1 為止、1 下針

塑形帽頂

段1（減針）：0〔1〕上針、左上兩併針、（上針、左上兩併針）括號內此組編織法重複到結束為止（共 27〔30〕針）。

段2：1 下針、編織圈圈針到剩下 1 為止、1 下針

段3（減針）：1〔0〕上針、左上兩併針重複到結束為止（共 14〔15〕針）

剪斷毛線，用餘線穿過剩下的所有針目，拉緊收針。

耳蓋內襯（製作 2 個）

如果打算製作編織內襯，此步驟可省略。

使用 12mm 棒針與 A 色毛線，起針 3 針

段1（加針）（正面）：下針加針、1 下針下針加針（共 5 針）

段2：2 下針、1 上針、2 下針

段3（加針）：下針加針、3 下針、下針加針（共 7 針）

段4：2 下針、3 上針、2 下針

段5（加針）：下針加針、5 下針、下針加針（共 9 針）

段6：2 下針、5 上針、2 下針

以下僅大人尺寸需要

段7（加針）：下針加針、7 下針、下針加針（共 11 針）

段8：2 下針、7 上針、2 下針

以下大人小孩尺寸皆同

段9：全部下針

段10：編織方法與段6〔8〕相同

下一步：段9 與段10 重複 3 次

彈性收針

耳朵（製作 2 個）❷

使用 12mm 棒針與 A 色毛線，開始起針 6〔7〕針。

段1：全部下針

* **段2（加針）**：下針加針、4〔5〕下針、下針加針（共 8〔9〕針）

以下僅大人尺寸需要

段3：全部下針

段4（加針）：下針加針、7 下針、下針加針（共 11 針）

以下大人小孩尺寸皆同

編織下針 5 段

以下僅大人尺寸需要

下一段：全部下針

下一段（減針）：左下兩併針、7 下針、左下兩併針（共 9 針）

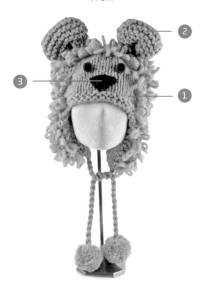

下一段：全部下針

以下大人小孩尺寸皆同

下一段（減針）：左下兩併針、4〔5〕下針、左下兩併針（共6〔7〕針）

下一段：全部下針 *

重複兩個星號 * 之間的編織法

收針

鼻子

從鼻子比較窄的底部開始製作，使用 7mm 棒針與 B 色毛線，起針 3 針。

段1（反面）：全部上針

段2（加針）：下針加針、1 下針、下針加針（共5針）

段3：全部上針

段4（加針）：下針加針、（1 下針、下針加針）括號內此組編織法重複 2 次（共8針）

段5：全部上針

以下僅大人尺寸需要

段6：下針加針、6 下針、下針加針（共10針）

段7：全部上針

段8（減針）：左下兩併針、6 下針、左下

兩併針（共8針）

段9：全部上針

以下大人小孩尺寸皆同

段10（減針）：左下兩併針、（1 下針、左下兩併針）括號內此組編織法重複 2 次（共5針）

段11：全部上針

段12（減針）：左下兩併針、1 下針、左下兩併針（共3針）

收針

組合

縫合時，小心不要把圈圈針縫住了，使用同色毛線縫合接縫。

以正面對齊正面，將耳蓋內襯與耳蓋縫合，由主體的邊緣開始縫合，結尾同樣停在主體邊緣，起針重疊處先不縫合，翻出正面，以別針接合在帽子上合適的位置，整理圈圈針，讓耳蓋邊緣上的蓬鬆圈圈與耳蓋內襯搭配，接著再以藏針縫將耳朵重疊的開口縫合到主體內側。

以正面對齊正面，對摺耳朵，縫合側邊

接縫，起針段與收針段先不縫合，翻出正面，塞進一點棉花，縫合開口。將底部邊緣的兩端拉到中央，做出耳朵的模樣，縫合固定，再把兩隻耳朵縫在帽子主體上。

以背面對齊背面、起針段對齊收針段，縫合接縫。把鼻子縫在帽子主體前面中間的地方，大約在起伏針邊緣的上面。

以 A 色毛線製作兩條兩股辮（做法詳見第 118 頁），長度約為 20〔30〕cm，製作時使用 4〔6〕股毛線。

以 A 色毛線製作兩個絨球（做法詳見第 118 頁），直徑大小為 5〔6〕cm，把兩個絨球分別接在兩條兩股辮下方，兩股辮的另一端則縫在耳蓋尖端的地方。

小顆黑色鈕子重疊在大顆咖啡色鈕子上面，縫在眼睛的地方。

製作帽子內襯

做法詳見第 100 到 105 頁，為帽子加上一層舒適的刷毛布料內襯或者是編織內襯。

童趣十足老鼠帽

活靈活現的眼睛、可愛有趣的招風大耳、毛茸茸
的灰色臉頰，這頂帽子結合了各種不同材質的毛線，
兼具觸感及趣味，記得要把一對大耳朵牢牢地縫在
帽子比較低的邊緣，耳朵才不會垂下來。

材料

Wendy Merino Chunky，
100%美麗諾羊毛（每球50g/65m）
煤煙灰（2477），A色3球
Wendy Sorrento DK，45%棉、
55% 壓克力（每球50g/145m）
淡粉色（2407），B色1球
任選毛圈線或是質料特殊的粗線
淺灰色，C色1球
黑色中細線少許，D色
7mm棒針1副
4mm棒針1副
直徑2cm〔2.5cm〕白色釦子2個
直徑1.25cm〔1.5cm〕黑色釦子2個
防解別針
毛線針
縫衣針
黑色縫衣線
製作絨球的薄卡紙
填充棉花少許

完成尺寸

八歲以下兒童〔括號內為大人尺寸〕

織片密度

10cm 平方 =13 針 18 段 / 平針編織，7mm
棒針。為求正確，請依個人編織手勁換用
較大或較小的棒針。

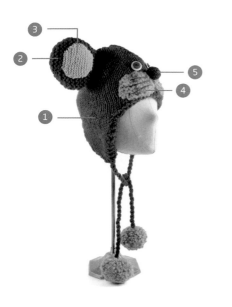

做法

先編織帽子主體，從耳蓋開始，耳朵、臉頰和圓圓的鼻子分別另外編織，等縫合好帽子和耳蓋以後，再分別縫上固定，最後在臉頰繡上鬍鬚。

帽子主體 ❶

第一片耳蓋

以下大人小孩尺寸皆同

* 使用 7mm 棒針與 A 色毛線，起針 3 針

段 1（加針）（正面）：下針加針、1 下針、下針加針（共 5 針）

段 2：2 下針、1 上針、2 下針

段 3（加針）：下針加針、3 下針、下針加針（共 7 針）

段 4：2 下針、3 上針、2 下針

段 5（加針）：下針加針、5 下針、下針加針（共 9 針）

段 6：2 下針、5 上針、2 下針

段 7（加針）：下針加針、7 下針、下針加針（共 11 針）

段 8：2 下針、7 上針、2 下針

段 9（加針）：下針加針、9 下針、下針加針（共 13 針）

段 10：2 下針、9 上針、2 下針

段 11（加針）：下針加針、11 下針、下針加針（共 15 針）

段 12：2 下針、11 上針、2 下針

以下僅大人尺寸需要

段 13（加針）：下針加針、13 下針、下針加針（共 17 針）

段 14：2 下針、13 下針、2 下針

以下大人小孩尺寸皆同

段 15：全部下針

段 16：編織方法與段 12〔14〕相同 * 剪斷毛線，暫時以防解別針固定。

第二片耳蓋

首先與第一片耳蓋做法相同（參照兩個星號 * 之間的編織法）。

繼續：起針 5 針，折返沿起針編織 5 下針，再沿同片耳蓋編織 15〔17〕個下針（共 20〔22〕針），翻面，繼續起針 21 針，再翻面，加上第一片耳蓋，沿第一片耳蓋編織 15〔17〕個下針接起兩片耳蓋，翻面，再繼續起針 5 針（共 61〔65〕針）。

下一段（反面）：7 下針、11〔13〕上針、25 下針、11〔13〕上針、7 下針

下一段：全部下針

最後兩段重複 1 次，接著從全段上針開始，以平針編織 19〔21〕段，最後一段在反面結尾。

塑形帽頂

段 1（正面）（減針）：左下兩併針、（12〔13〕下針、1 滑針、左下兩併針、滑針套過左側針）括號內此組編織法重複 3 次、12〔13〕下針、左下兩併針（共 53〔57〕針）。

段 2：全部上針

段 3（減針）：左下兩併針、（10〔11〕下針、1 滑針、左下兩併針、滑針套過左側針）括號內此組編織法重複 3 次、10〔11〕下針、左下兩併針（共 45〔49〕針）

段 4：全部上針

段 5（減針）：左下兩併針、（8〔9〕下針、1 滑針、左下兩併針、滑針套過左側針）括號內此組編織法重複 3 次、8〔9〕下針、左下兩併針（共 37〔41〕針）

段 6：全部上針

段 7（減針）：左下兩併針、（6〔7〕下針、1 滑針、左下兩併針、滑針套過左側針）括號內此組編織法重複 3 次、6〔7〕下針、左下兩併針（共 29〔33〕針）

段 8：全部上針

段 9（減針）：左下兩併針、（4〔5〕下針、1 滑針、左下兩併針、滑針套過左側針）括號內此組編織法重複 3 次、4〔5〕下針、左下兩併針（共 21〔25〕針）

段 10：全部上針

段 11（減針）：左下兩併針、（2〔3〕下針、1 滑針、左下兩併針、滑針套過左側針）括號內此組編織法重複 3 次、2〔3〕下針、左下兩併針（共 13〔17〕針）

以下僅大人尺寸需要

段 12：全部上針

段 13（減針）：左下兩併針、（1 下針、1 滑針、左下兩併針、滑針套過左側針）括號內此組編織法重複 3 次、1 下針、左下兩併針（共 9 針）

以下大人小孩尺寸皆同

剪斷毛線，用餘線穿過剩下的所有針目，拉緊收針。

耳蓋內襯（製作 2 個）

如果打算製作編織內襯，此步驟可省略。

使用 7mm 棒針與 A 色毛線，起針 3 針，依照耳蓋的製作方法編織段 1 到段 16

下一步：段 15 與段 16 重複 3 次

彈性收針

耳朵（製作 4 個）②

使用 7mm 棒針與 A 色毛線，起針 7〔9〕針。

段 1 至段 2：全部下針

段 3（加針）（反面）：下針加針、5〔7〕下針、下針加針（共 9〔11〕針）

段 4（正面）：全部下針

段 5（加針）（反面）：下針加針、7〔9〕下針、下針加針（共 11〔13〕針）

段 6：全部下針

段 7（加針）：下針加針、9〔11〕下針、下針加針（共 13〔15〕針）

段 8 至段 16：全部下針

以下僅大人尺寸需要

段 17 至段 18：全部下針

以下大人小孩尺寸皆同

段 19（減針）：左下兩併針、9〔11〕下針、左下兩併針（共 11〔13〕針）

段 20：全部下針

段 21（減針）：左下兩併針、7〔9〕下針、左下兩併針（共 9〔11〕針）

段 22：全部下針

段 23（減針）：左下兩併針、5〔7〕下針、左下兩併針（共 7〔9〕針）

段 24：全部下針

段 25（減針）：左下兩併針、3〔5〕下針、左下兩併針（共 5〔7〕針）

收針

內耳（製作 2 個）③

使用 4mm 棒針與 B 色毛線，起針 7〔9〕針。
依照耳朵的製作方法編織段 1 到段 24
收針，留一段稍微長一點的毛線。

臉頰（製作 2 個）④

大人小孩尺寸皆同

使用 7mm 棒針與 C 色毛線，起針 7 針。

段 1（加針）：下針加針、5 下針、下針加針（共 9 針）

段 2：全部下針

段 3（加針）：下針加針、7 下針、下針加針（共 11 針）

段 4 至段 5：全部下針

以下僅大人尺寸需要

段 6 至段 7：全部下針

以下大人小孩尺寸皆同

段 8（減針）：左下兩併針、7 下針、左下兩併針（共 9 針）

段 9：全部下針

段 10（減針）：左下兩併針、5 下針、左下兩併針（共 7 針）

收針

鼻子 ⑤

從鼻子比較窄的底部開始製作，使用 4mm 棒針與 D 色毛線，起針 3 針。

段 1（加針）：下針加針、1 下針、下針加針（共 5 針）

段 2（加針）：1 下針、3 下針加針、1 下針（共 8 針）

段 3（加針）：（1 下針、下針加針）括號內此組編織法重複 4 次（共 12 針）

以下大人小孩尺寸皆同

編織下針 7〔9〕段

以下僅大人尺寸需要

段 13（減針）：（1 下針、左下兩併針）括號內此組編織法重複 4 次（共 8 針）

以下大人小孩尺寸皆同

下一段（減針）：1 下針、3 左下兩併針、1 下針（共 5 針）

下一段（減針）：左下兩併針、1 下針、左下兩併針（共 3 針）

收針，留一段稍微長一點的毛線。沿著織片邊緣縫合收攏，塞進一些棉花做成圓球狀，拉緊收針。

組合

以正面對齊正面，將耳蓋內襯與耳蓋縫合，由主體的邊緣開始縫合，結尾同樣停在主體邊緣，起針重疊處先不縫合，翻出正面，接著再以藏針縫將重疊的開口縫合到主體內側。

以正面對齊正面，將兩片耳朵縫合，起針段先不縫合，留一個開口，翻出正面，塞進一些棉花以後再縫合開口，把粉紅色的內耳縫在耳朵中央。將耳朵縫在帽子主體的兩側，沿著耳朵起針段邊緣縫一整圈，可以避免耳朵往下垂。

把臉頰縫在臉部的地方，大約在起伏針邊緣的上面，兩片並排湊近擺放。
把鼻子縫在兩片臉頰中央上方處，用 D 色毛線在兩片臉頰繡上鬍鬚。

以 A 色毛線製作兩條兩股辮（做法詳見第 114 頁），長度約為 20〔30〕cm，製作時使用 6〔8〕股毛線。
以 C 色毛線製作兩個絨球（做法詳見第 118 頁），直徑大小為 5〔6〕cm，把兩個絨球分別接在兩條兩股辮下方，兩股辮的另一端則縫在耳蓋尖端的地方。

使用縫衣線，把小顆的黑色釦子重疊在大顆的白色釦子上面，一起縫在眼睛的地方。

製作帽子內襯

做法詳見第 100 到 105 頁，為帽子加上一層舒適的刷毛布料內襯或者是編織內襯。

毛茸茸長耳小兔帽

春天來了，垂著大耳朵的小兔子能擋住乍暖
還寒的冷風，毛茸茸的臉頰、粉紅色的鼻子，還有
繫了絨球的兔子尾巴兩股辮，魅力無窮，讓人看了
忍不住想擁有一頂。

材料

———————————————

Rowan Felted Tweed Chunky，
100%美麗諾羊毛、25% 羊駝毛、
25%嫘縈（每球50g/50m）
淺沙灰（280），A色4球
淡藕紫（290），B色1球
Rowan Purelife British Sheep Breeds
Boucle，100%英國羊毛
（每球100g/60m）
米黃色（220），C色1球
6.5mm棒針1副
8mm棒針1副
直徑2.25cm白色釦子2個
直徑1.5cm黑色釦子2個
防解別針
毛線針
縫衣針
黑色縫衣線
製作絨球的薄卡紙

完成尺寸

———————————————

八歲以下兒童〔括號內為大人尺寸〕

織片密度

———————————————

10cm 平方 =12.5 針 17.5 段 / 平針編織，
6.5mm 棒針。為求正確，請依個人編織手
勁換用較大或較小的棒針。

做法

長長的兔子耳朵、臉頰和鼻子分別編織製作,再縫到製作好的帽子主體上。帽子主體從耳蓋開始編織,能夠溫暖你的雙耳,最後縫上釦子當作眼睛,再加上絨球兩股辮裝飾。

帽子主體 ①

第一片耳蓋

以下大人小孩尺寸皆同

* 使用 6.5mm 棒針與 A 色線,起針 3 針。

段1(加針)(正面): 下針加針、1 下針、下針加針(共 5 針)

段2: 2 下針、1 上針、2 下針

段3(加針): 下針加針、3 下針、下針加針(共 7 針)

段4: 2 下針、3 上針、2 下針

段5(加針): 下針加針、5 下針、下針加針(共 9 針)

段6: 2 下針、5 上針、2 下針

段7(加針): 下針加針、7 下針、下針加針(共 11 針)

段8: 2 下針、7 上針、2 下針

段9(加針): 下針加針、9 下針、下針加針(共 13 針)

段10: 2 下針、9 上針、2 下針

段11(加針): 下針加針、11 下針、下針加針(共 15 針)

段12: 2 下針、11 上針、2 下針

以下僅大人尺寸需要

段13(加針): 下針加針、13 下針、下針加針(共 17 針)

段14: 2 下針、13 上針、2 下針

以下大人小孩尺寸皆同

段15: 全部下針

段16: 織法同段 12〔大人尺寸同段 14〕*剪線,暫時用防解別針固定。

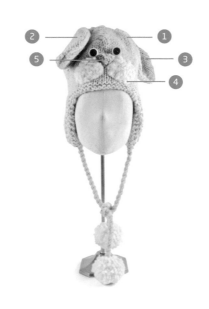

第二片耳蓋

首先與第一片耳蓋做法相同(參照兩個星號*之間的編織法)。

繼續: 起針 5 針,折返沿起針編織 5 下針,再沿同片耳蓋編織 15〔17〕個下針(共 20〔22〕針),翻面,繼續起針 21 針,再翻面,加上第一片耳蓋,沿第一片耳蓋編織 15〔17〕個下針接起兩片耳蓋,翻面,再繼續起針 5 針(共 61〔65〕針)。

下一段(反面): 7 下針、11〔13〕上針、25 下針、11〔13〕上針、7 下針

下一段: 全部下針

最後兩段重複 1 次,接著從全段上針開始,以平針編織 19〔21〕段,最後一段在反面結尾。

塑形帽頂

段1(正面)(減針): 左下兩併針、(12〔13〕下針、1 滑針、左下兩併針、滑針套過左側針)括號內此組編織法重複 3 次、12〔13〕下針、左下兩併針(共 53〔57〕針)

段2: 全部上針

段3(減針): 左下兩併針、(10〔11〕下針、1 滑針、左下兩併針、滑針套過左側針)號內此組編織法重複 3 次、10〔11〕下針、左下兩併針(共 45〔49〕針)

段4: 全部上針

段5(減針): 左下兩併針、(8〔9〕下針、1 滑針、左下兩併針、滑針套過左側針)號內此組編織法重複 3 次、8〔9〕下針、左下兩併針(共 37〔41〕針)

段6: 全部上針

段7(減針): 左下兩併針、(6〔7〕下針、1 滑針、左下兩併針、滑針套過左側針)號內此組編織法重複 3 次、6〔7〕下針、左下兩併針(共 29〔33〕針)

段8: 全部上針

段9(減針): 左下兩併針、(4〔5〕下針、1 滑針、左下兩併針、滑針套過左側針)號內此組編織法重複 3 次、4〔5〕下針、左下兩併針(共 21〔25〕針)

段10: 全部上針

段11(減針): 左下兩併針、(2〔3〕下針、1 滑針、左下兩併針、滑針套過左側針)括號內此組編織法重複 3 次、2〔3〕下針、左下兩併針(共 13〔17〕針)

以下僅大人尺寸需要

段12: 全部上針

段13(減針): 左下兩併針、(1 下針、1 滑針、左下兩併針、滑針套過左側針)括號內此組編織法重複 3 次、1 下針、左下兩併針(共 9 針)

以下大人小孩尺寸皆同

剪斷毛線,用餘線穿過剩下的所有針目,拉緊收針。

耳蓋內襯(製作 2 個)

如果打算製作編織內襯,此步驟可省略。

使用 7mm 棒針與 A 色毛線,起針 3 針,依照耳蓋的製作方法編織段 1 到段 16

下一步: 段 15 與段 16 重複 3 次

彈性收針

外耳（製作 2 個）❷

以下大人小孩尺寸皆同

使用 6.5mm 棒針與 A 色毛線，起針 3 針。

段 1（加針）：下針加針、1 下針、下針加針（共 5 針）

段 2：全部上針

段 3（加針）：下針加針、3 下針、下針加針（共 7 針）

段 4：全部上針

段 5（加針）：下針加針、5 下針、下針加針（共 9 針）

段 6：全部上針

段 7（加針）：下針加針、7 下針、下針加針（共 11 針）

段 8：全部上針

段 9（加針）：下針加針、9 下針、下針加針（共 13 針）

以下僅大人尺寸需要

段 10：全部上針

段 11（加針）：下針加針、11 下針、下針加針（共 15 針）

段 12：全部上針

段 13（加針）：下針加針、13 下針、下針加針（共 17 針）

以下大人小孩尺寸皆同

以平針編織 17 段

收針

內耳（製作 2 個）❸

使用 6.5mm 棒針與 B 色毛線，起針 3 針。

段 1（加針）：下針加針、1 下針、下針加針（共 5 針）

從上針段開始，以平針編織 3 段

段 5（加針）：下針加針、3 下針、下針加針（共 7 針）

以平針編織 3 段

段 9（加針）：下針加針、5 下針、下針加針（共 9 針）

以下僅大人尺寸需要

以平針編織 3 段

段 13（加針）：下針加針、7 下針、下針加針（共 11 針）

以下大人小孩尺寸皆同

以平針編織 17 段

收針，留一段稍微長一點的毛線。

臉頰（製作 2 個）❹

大人小孩尺寸皆同

使用 8mm 棒針與 C 色毛線，起針 7 針。

段 1（加針）：下針加針、1 下針、下針加針（共 5 針）

段 2：全部下針

段 3（加針）：下針加針、3 下針、下針加針（共 7 針）

段 4 至段 5：全部下針

段 6（減針）：左下兩併針、3 下針、左下兩併針（共 5 針）

段 7：全部下針

段 8（減針）：左下兩併針、1 下針、左下兩併針（共 3 針）

收針

鼻子❺

大人小孩尺寸皆同

使用 6.5mm 棒針與 B 色毛線，起針 5 針。

以平針編織 5 段

以下針方向收針

組合

對齊後縫合耳蓋內襯與耳蓋，從邊緣開始縫，也在邊緣結尾。起針重疊處先不縫合，翻出正面，接著再以藏針縫將重疊的開口縫合到主體內側。

對齊後縫合內耳與外耳，收針段先不縫，翻出正面，縫合收針段，將兩端拉到中央，做出耳朵的模樣，縫合固定後再縫在帽子主體上。把臉頰縫在臉部的地方，約在起伏針邊緣上方，並排湊近擺放。

把臉頰縫在臉部的地方，大約在起伏針邊緣的上面，兩片並排湊近擺放。

從對角線對摺鼻子的織片，縫合邊緣，做成一個三角形，對摺朝上，把鼻子縫在帽子前面中間，就在兩片臉頰中央上方處。

以 A 色毛線製作兩條兩股辮（做法詳見第 114 頁），長度約為 20〔30〕cm，製作時使用 6〔8〕股毛線。

以 C 色毛線製作兩個絨球（做法詳見第 114 頁），直徑大小為 5〔6〕cm，把兩個絨球分別接在兩條兩股辮下方，兩股辮的另一端則縫在耳蓋尖端的地方。

使用縫衣線，把小顆的黑色釦子重疊在大顆的白色釦子上面，一起縫在眼睛的地方。

製作帽子內襯

做法詳見第 100 到 105 頁，為帽子加上一層舒適的刷毛布料內襯或者是編織內襯。

cat
喵喵小花貓咪帽

材質柔軟的毛圈線讓這隻可愛的小貓咪更加
惹人憐愛,立體的雙耳、畫龍點睛般的粉紅鼻子,
讓整頂帽子顯得十分搶眼。因為特別使用超粗毛
線,很快就能打好這頂帽子,喵讚的啦!

材料

Rowan Purelife British Sheep Breeds Bouclé
毛圈線，100%英國羊毛
（每球100g/60m）
深棕色（223），A色1球
米黃色（220），B色1球
粉紅色中細線少許，C色
8mm 棒針1副
7.5mm棒針1副
4mm棒針1副
直徑2.25cm深咖啡色釦子2個
直徑1.5cm黑色釦子2個
防解別針
毛線針
縫衣針
黑色縫衣線
黑色繡線
填充棉花少許

完成尺寸

八歲以下兒童〔括號內為大人尺寸〕

織片密度

10cm 平方 =8.5 針 13 段 / 平針編織，8mm
棒針。為求正確，請依個人編織手勁換用
較大或較小的棒針。

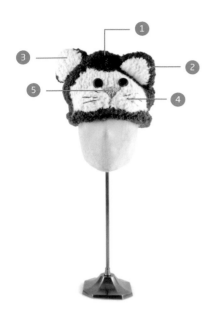

做法

貓咪帽子以嵌花編織圖樣製作，臉頰另外編織縫上，讓貓咪的特徵更加突出，鬍鬚以長針繡縫製而成。

帽子主體 ❶

使用 7.5mm 棒針與 A 色毛線，起針 41〔45〕針，以起伏針編織 3 段，接著換成 8mm 棒針。

接著以嵌花編織製作：

下一段（正面）：13〔15〕A 色下針、15B 色下針、13〔15〕A 色下針
下一段：13〔15〕A 色上針、15B 色上針、13〔15〕A 色上針
最後兩段重複 2〔3〕次
依照編織圖樣（詳見第 75 頁）製作接下來的 8 段嵌花，也可以依照下列說明製作。
段 1：14〔16〕A 色下針、13B 色下針、14〔16〕A 色下針

段 2：14〔16〕A 色上針、13B 色上針、14〔16〕A 色上針
段 3：15〔17〕A 色下針、11B 色下針、15〔17〕A 色下針
段 4：15〔17〕A 色上針、11B 色上針、15〔17〕A 色上針
段 5：16〔18〕A 色下針、9B 色下針、16〔18〕A 色下針
段 6：16〔18〕A 色上針、9B 色上針、16〔18〕A 色上針
段 7：A 色下針至結束
段 8：A 色上針至結束

塑形帽頂

段 1（減針）：左下兩併針、（7〔8〕下針、1 滑針、左下兩併針、將滑針套過左側針）將括號內此組編織法重複 3 次、7〔8〕下針、左下兩併針（共 33〔37〕針）
段 2：全部上針
段 3（減針）：左下兩併針、（5〔6〕下針、1 滑針、左下兩併針、將滑針套過左側針）將括號內此組編織法重複 3 次、5〔6〕下針、左下兩併針（共 25〔29〕針）
段 4：全部上針
段 5（減針）：左下兩併針、（3〔4〕下針、1 滑針、左下兩併針、將滑針套過左側針）將括號內此組編織法重複 3 次、3〔4〕下針、左下兩併針（共 17〔21〕針）
段 6：全部上針
段 7（減針）：左下兩併針、（1〔2〕下針、1 滑針、左下兩併針、將滑針套過左側針）括號內此組編織法重複 3 次、1〔2〕下針、左下兩併針（共 9〔13〕針）
剪斷毛線，用餘線穿過剩下的所有針目，拉緊收針。

外耳（製作 2 個）❷

以下大人小孩尺寸皆同
使用 8mm 棒針與 A 色毛線，起針 3 針。

段 1（加針）：下針加針、1 下針、下針加針（共 5 針）
段 2：全部上針
段 3（加針）：下針加針、3 下針、下針加針（共 7 針）
段 4：全部上針
段 5（加針）：下針加針、5 下針、下針加針（共 9 針）
段 6：全部上針
段 7（加針）：下針加針、7 下針、下針加針（共 11 針）

以下大人小孩尺寸皆同
以平針編織 3 段，收針。

內耳（製作 2 個）❸

使用 8mm 棒針與 B 色毛線，起針 3 針。
段 1：全部下針
段 2：全部上針
段 3：下針加針、1 下針、下針加針（共 5 針）
從上針段開始，以平針編織 5〔3〕段

以下僅大人尺寸需要
段 7（加針）：下針加針、3 下針、下針加針（共 7 針）

以下大人小孩尺寸皆同
收針，留一段稍微長一點的毛線。

臉頰（製作 2 個）❹

以下大人小孩尺寸皆同
使用 8mm 棒針與 C 色毛線，起針 3 針。
段 1（加針）：下針加針、1 下針、下針加針（共 5 針）
段 2：全部下針
段 3（加針）：下針加針、3 下針、下針加針（共 7 針）
段 4：全部下針

貓咪臉部嵌花編織圖（8段＊41〔45〕針）

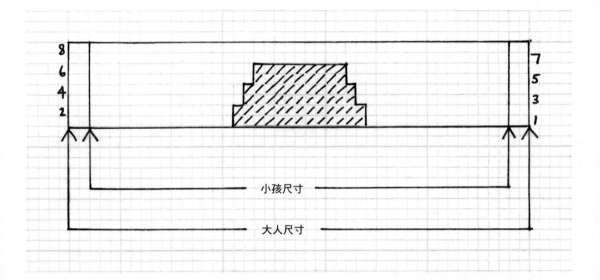

以下僅大人尺寸需要

段 5：全部下針

以下大人小孩尺寸皆同

段 6（減針）：左下兩併針、3 下針、左下兩併針（共 5 針）

段 7：全部下針

段 8（減針）：左下兩併針、1 下針、左下兩併針（共 3 針）

收針

鼻子

以下大人小孩尺寸皆同

從鼻子比較窄的底部開始製作，使用 4mm 棒針與 C 色毛線，起針 3 針。

段 1（加針）：下針加針、1 下針、下針加針（共 5 針）

段 2：全部上針

段 3（加針）：（1 下針、下針加針）括號內此組編織法重複 2 次、1 下針（共 7 針）

段 4：全部上針

段 5（加針）：1 下針、2 下針加針、1 下針、2 下針加針、1 下針（共 11 針）

以下僅大人尺寸需要

段 6：全部上針

段 7（加針）：2 下針、2 下針加針、3 下針、2 下針加針、2 下針（共 15 針）

以下大人小孩尺寸皆同

以下針方向收針

組合

使用同色毛線縫合接縫。

以正面對齊正面，將外耳與內耳縫合，留著起針段的開口先不縫合，翻出正面，調整位置，讓內耳大約位於中央的位置，與外耳稍微重疊，塞進一些棉花，保持形狀平整，縫合起針段的開口，再把兩隻耳朵縫在帽子主體上。

把臉頰縫在臉部的地方，大約在起伏針邊緣的上面，兩片並排湊近擺放。縫合鼻子邊緣的接縫，對摺鼻子的織片，把

接縫處置於中央背面，縫合收針段，比較寬的收針段朝上，把鼻子縫在帽子前面，就在兩片臉頰中央上方處。

使用黑色繡線或黑色毛線，以長針繡在臉頰加上鬍鬚（做法詳見第第 115 頁）。使用縫衣線，把小顆的黑色釦子重疊在大顆的咖啡色釦子上面，一起縫在眼睛的地方。

製作帽子內襯

做法詳見第 100 到 105 頁，為帽子加上一層舒適的刷毛布料內襯或者是編織內襯。

忠心耿耿小狗帽

變化十足的小狗帽非常有趣,小狗臉上戴著
逗趣的眼罩,長長的耳朵可以讓帽子搖身一變,成
為一頂偵探帽;把耳朵用釦子固定住就是一隻提
高警覺的獵犬,放下來就是一隻真誠的偵查犬。

材料

Rowan Purelife British Sheep Breeds Chunky
100%英國羊毛（每球100g/110m）
米黃色（950），A色1球
亞麻灰（952），B色1球
*Rowan Shimmer，60%酮氨㹺縈纖維、
40%聚酯纖維（每球25g/175m）
煤玉黑（095），C色1球
7mm棒針1副
4mm棒針1副
直徑2.25cm米黃色或白色釦子4個
直徑1.5cm黑色釦子2個
毛線針
縫衣針
黑色縫衣線
米黃色縫衣線
*有此記號的毛線拉雙股使用

完成尺寸

八歲以下兒童〔括號內為大人尺寸〕

織片密度

10cm 平方 =13 針 18 段 / 平針編織，7mm
棒針。為求正確，請依個人編織手勁換用
較大或較小的棒針。

做法

這頂帽子從耳朵內襯開始編織，接著製作帽頂，耳朵和眼罩分別另外編織，看起來濕潤的閃亮鼻子也是，長長的耳朵可以用釦子往上固定，也可以垂放下來，另一組釦子則用來製作眼睛。

耳蓋內襯（製作 2 個）

以下大人小孩尺寸皆同

使用 7mm 棒針與 A 色毛線，起針 5 針。

段 1（正面）（加針）：下針加針、3 下針、下針加針（共 7 針）

段 2（加針）：下針加針、5 下針、下針加針（共 9 針）

段 3（加針）：下針加針、7 下針、下針加針（共 11 針）

段 4（加針）：下針加針、9 下針、下針加針（共 13 針）

以下僅大人尺寸需要

段 5（加針）：下針加針、11 下針、下針加針（共 15 針）

以下大人小孩尺寸皆同

繼續編織起伏編（也就是每一段都下針），直到長度從起針邊測量起來達到 12cm〔15cm〕為止，在反面結束。
剪斷毛線，暫時以防解別針固定。

帽子主體 ①

使用 7mm 棒針與 A 色毛線，起針 8 針，翻面，沿一片耳朵內襯編織 13〔15〕下針，翻面，起針 19 針，再翻面，沿另一片耳朵內襯編織 13〔15〕下針，翻面，起針 8 針（共 61〔65〕針）。

以起伏針編織 3 段，

從下針段開始，編織平針織 20〔22〕段，在反面結束。

塑形帽頂

段 1（正面）（減針）：左下兩併針、11〔12〕下針、1 滑針、左下兩併針、將滑針套過左側針、（13〔14〕下針、1 滑針、左下兩併針、將滑針套過左側針）括號內此組編織法重複 2 次、11〔12〕下針、左下兩併針（共 53〔57〕針）

段 2：全部上針

段 3（減針）：左下兩併針、9〔10〕下針、1 滑針、左下兩併針、將滑針套過左側針、（11〔12〕下針、1 滑針、左下兩併針、將滑針套過左側針）括號內此組編織法重複 2 次、9〔10〕下針、左下兩併針（共 45〔49〕針）

段 4：全部上針

段 5（減針）：左下兩併針、7〔8〕下針、1 滑針、左下兩併針、將滑針套過左側針、（9〔10〕下針、1 滑針、左下兩併針、將滑針套過左側針）括號內此組編織法重複 2 次、7〔8〕下針、左下兩併針（共 37〔41〕針）

段 6：全部上針

段 7（減針）：左下兩併針、5〔6〕下針、1 滑針、左下兩併針、將滑針套過左側針、（7〔8〕下針、1 滑針、左下兩併針、將滑針套過左側針）括號內此組編織法重複 2 次、5〔6〕下針、左下兩併針（共 29〔33〕針）

段 8：全部上針

段 9（減針）：左下兩併針、3〔4〕下針、1 滑針、左下兩併針、將滑針套過左側針、（5〔6〕下針、1 滑針、左下兩併針、將滑針套過左側針）括號內此組編織法重複 2 次、3〔4〕下針、左下兩併針（共 21〔25〕針）

段 10：全部上針

段 11（減針）：左下兩併針、1〔2〕下針、1 滑針、左下兩併針、將滑針套過左側針、（3〔4〕下針、1 滑針、左下兩併針、將滑針套過左側針）括號內此組編織法重複 2 次、1〔2〕下針、左下兩併針（共 13〔17〕針）

以下僅大人尺寸需要

段 12：全部上針

段 13（減針）：左下兩併針、1 滑針、左下兩併針、將滑針套過左側針、（2 下針、1 滑針、左下兩併針、將滑針套過左側針）括號內此組編織法重複 2 次、左下兩併針（共 9 針）

以下大人小孩尺寸皆同

剪斷毛線，用餘線穿過剩下的所有針目，拉緊收針。

耳朵（製作 2 個）②

使用 7mm 棒針與 B 色毛線，起針 3 針、（把前 1 針套過剛起的 1 針，做套收針，接著再起 1 針）括號內此組編織法重複 3 次，製作出釦孔的空間。

段 1（反面）：1 下針、翻面、起針 3 針、翻面、1 下針（共 5 針）

段 2（加針）：下針加針、3 下針、下針加針（共 7 針）

段3（加針）：下針加針、5下針、下針加針（共9針）

段4（加針）：下針加針、7下針、下針加針（共11針）

段5（加針）：下針加針、9下針、下針加針（共13針）

以下僅大人尺寸需要

段6（加針）：下針加針、11下針、下針加針（共15針）

以下大人小孩尺寸皆同

繼續編織起伏編（也就是每一段都下針），直到長度從起針邊測量起來達到18cm〔21cm〕為止，在反面結束。

塑形頂端

下一段（減針）：1下針、左下兩併針、編織下針到剩下3針為止、左下兩併針、1下針

下一段：全部下針

最後兩段重複到剩下9針為止，接著重複2次減針段（共5針）

下一段（減針）：1下針、1滑針、左下兩併針、將滑針套過左側針、1下針（共3針）

將3針收針

眼罩 ❸

使用7mm棒針與B色毛線，起針5〔7〕針。

段1至段2：全部下針

段3（加針）：下針加針、3〔5〕下針、下針加針（共7〔9〕針）

段4：全部下針

段5（加針）：下針加針、5〔7〕下針、下針加針（共9〔11〕針）

段6至段10：全部下針

以下僅大人尺寸需要

編織下針4段

以下大人小孩尺寸皆同

下一段（減針）：左下兩併針、5〔7〕下針、左下兩併針（共7〔9〕針）

下一段：全部下針

下一段（減針）：左下兩併針、3〔5〕下針、左下兩併針（共5〔7〕針）

下兩段：全部下針

收針

鼻子 ❹

以下大人小孩尺寸皆同

從鼻子比較窄的底部開始製作，使用4mm棒針與C色毛線，拉雙股線，起針7針。

段1（正面）：全部下針

段2：全部上針

段3（加針）：1下針、下針加針2次、1下針、下針加針2次、1下針（共11針）

以下僅大人尺寸需要

段4：全部上針

段5（加針）：2下針、下針加針2次、3下針、下針加針2次、2下針（共15針）

以下大人小孩尺寸皆同

以下針方向收針

組合

使用同色毛線縫合帽子主體後面的接縫。耳朵反面對齊帽子主體和耳朵內襯的正面，以藏針縫固定，留下釦孔不縫。

把眼罩縫在帽子主體上，縫合鼻子織片邊緣，把接縫處置於中央背面，先縫合較短的起針段，再縫合比較長的收針段。把鼻子縫在帽了主體前面中間的地方，大約在起伏針邊緣的上面。

使用縫衣線，把米黃色釦子縫在兩邊耳朵的頂端，把小顆的黑色釦子重疊在大顆米黃色或白色釦子上面，縫在帽子主體上眼睛的位置。

製作帽子內襯

做法詳見第100到105頁，為帽子加上一層舒適的刷毛布料內襯或者是編織內襯。

可愛討喜無尾熊帽

令人喜愛的無尾熊帶來南半球溫暖的擁抱，
一對絨球耳朵就像是爬在尤加利樹上的無尾熊，
長長的絨球兩股辮刻意增添了長度，像是無尾熊
緊緊抓住樹木，棲息在高處，是頂超吸睛的帽子。

材料

Wendy Merino Chunky，
100% 美麗諾羊毛（每球50g/65m）
鼠灰色（2472），A色3球
雲朵白（2470），B色1球
Wendy Merino Bliss DK，
100%美麗諾羊毛（每球50g/116m）
煤玉黑（2366），C色1球
7mm 棒針1副
4mm棒針1副
直徑2cm〔2.25cm〕咖啡色釦子2個
直徑1.25cm〔1.5cm〕黑色釦子2個
填充棉花少許
防解別針
毛線針
縫衣針
黑色縫衣線
製作絨球的薄卡紙

完成尺寸

八歲以下兒童〔括號內為大人尺寸〕

織片密度

10cm 平方 =13 針 18 段 / 平針編織，7mm
棒針。為求正確，請依個人編織手勁換用
較大或較小的棒針。

針（共11針）

段8：2下針、7上針、2下針

段9（加針）：下針加針、9下針、下針加針（共13針）

段10：2下針、9上針、2下針

段11（加針）：下針加針、11下針、下針加針（共15針）

段12：2下針、11上針、2下針

以下僅大人尺寸需要

段13（加針）：下針加針、13下針、下針加針（共17針）

段14：2下針、13上針、2下針

以下大人小孩尺寸皆同

段15：全部下針

段16：織法同段12〔大人尺寸同段14〕*

剪線，暫時用防解別針固定。

第二片耳蓋

首先與第一片耳蓋做法相同（參照兩個星號＊之間的編織法）。

繼續：起針5針，折返沿起針編織5下針，再沿同片耳蓋編織15〔17〕個下

做法

先編織三角形的耳蓋，接著製作帽子主體，加上耳蓋內襯。這頂帽子有兩對絨球，一對當作無尾熊的耳朵，另一對接在兩股辮下方，兩股辮的另一端則縫在耳蓋尖端的地方，縫上塞了棉花的大鼻子，還有當作眼睛的釦子，這頂帽子就完成了。

帽子主體 ❶

第一片耳蓋

以下大人小孩尺寸皆同

＊使用7mm棒針與A色線，起針3針。

段1（加針）（正面）：下針加針、1下針、下針加針（共5針）

段2：2下針、1上針、2下針

段3（加針）：下針加針、3下針、下針加針（共7針）

段4：2下針、3上針、2下針

段5（加針）：下針加針、5下針、下針加針（共9針）

段6：2下針、5上針、2下針

段7（加針）：下針加針、7下針、下針加

針（共20〔22〕針），翻面，繼續起針21針，再翻面，加上第一片耳蓋，沿第一片耳蓋編織15〔17〕個下針接起兩片耳蓋，翻面，再繼續起針5針（共61〔65〕針）

下一段（反面）：7下針、11〔13〕上針、25下針、11〔13〕上針、7下針

下一段：全部下針

最後兩段重複1次，接著從全段上針開始，以平針編織19〔21〕段，最後一段在反面結尾。

塑形帽頂

段1（正面）（減針）：左下兩併針、（12〔13〕下針、1滑針、左下兩併針、滑針套過左側針）括號內此組編織法重複3次、12〔13〕下針、左下兩併針（共53〔57〕針）

段2：全部上針

段3（減針）：左下兩併針、（10〔11〕下針、1滑針、左下兩併針、滑針套過左側針）括號內此組編織法重複3次、10〔11〕下針、左下兩併針（共45〔49〕針）

段4：全部上針

段5（減針）：左下兩併針、（8〔9〕下針、

滑針、左下兩併針、滑針套過左側針）括號內此組編織法重複 3 次、8〔9〕下針、左下兩併針（共 37〔41〕針）

段 6：全部上針

段 7（減針）：左下兩併針、（6〔7〕下針、1 滑針、左下兩併針、滑針套過左側針）括號內此組編織法重複 3 次、6〔7〕下針、左下兩併針（共 29〔33〕針）

段 8：全部上針

段 9（減針）：左下兩併針、（4〔5〕下針、1 滑針、左下兩併針、滑針套過左側針）括號內此組編織法重複 3 次、4〔5〕下針、左下兩併針（共 21〔25〕針）

段 10：全部上針

段 11（減針）：左下兩併針、（2〔3〕下針、1 滑針、左下兩併針、滑針套過左側針）括號內此組編織法重複 3 次、2〔3〕下針、左下兩併針（共 13〔17〕針）

以下僅大人尺寸需要

段 12：全部上針

段 13（減針）：左下兩併針、（1 下針、1 滑針、左下兩併針、滑針套過左側針）括號內此組編織法重複 3 次、1 下針、左下兩併針（共 9 針）

以下大人小孩尺寸皆同

剪斷毛線，用餘線穿過剩下的所有針目，拉緊收針。

耳蓋內襯（製作 2 個）❷

如果打算製作編織內襯，此步驟可省略。
使用 7mm 棒針與 A 色毛線，起針 3 針，依照耳蓋的製作方法編織段 1 到段 16

下一步：段 15 與段 16 重複 3 次

彈性收針

鼻子 ❸

使用 4mm 棒針與 C 色毛線，起針 18〔21〕針，從下針段開始，以平針編織 3 段，最後一段在上針段結束。

塑形頂端

下一段（正面）（減針）：（1 下針、左下兩併針）括號內此組編織法重複 6〔7〕次（共 12〔14〕針）

下一段：全部上針

剪斷毛線，用餘線穿過剩下的所有針目，拉緊收針。

組合

使用同色毛線縫合接縫。

以正面對齊正面，將耳蓋內襯與耳蓋縫合，由主體的邊緣開始縫合，結尾同樣停在主體邊緣，起針重疊處先不縫合，翻出正面，接著再以藏針縫將重疊的開口縫合到主體內側。

縫合鼻子織片邊緣，塞進一些棉花，把接縫處置於中央背面，以藏針縫縫合起針段，把鼻子縫在帽子主體前面中間的地方，大約在起伏針邊緣的上面。以 B 色毛線製作兩個絨球當作耳朵（做法詳見第 114 頁），直徑大小為 6〔7.5〕cm，把兩個絨球分別縫在帽頂耳朵的地方。

以 A 色毛線製作兩條兩股辮（做法詳見第 118 頁），長度約為 20〔30〕cm，製作時使用 6〔8〕股毛線。

以 A 色毛線製作兩個絨球（做法詳見第 118 頁），直徑大小為 5〔6〕cm，把兩個絨球分別接在兩條兩股辮下方，兩股辮的另一端則縫在耳蓋尖端的地方。

使用縫衣線，把小顆的黑色釦子重疊在大顆的咖啡色釦子上面，縫在帽子主體上眼睛的位置。

製作帽子內襯

做法詳見第 100 到 105 頁，為帽子加上一層舒適的刷毛布料內襯或者是編織內襯。

慵懶可愛貓熊帽

黑白對比色調的可愛貓熊帽,只要使用粗線就能輕鬆編織,濃濃大大的黑眼圈,像是睡不飽般的慵懶神情,鮮明的特徵一眼就認得出來,為冷冷的冬季增添暖意。

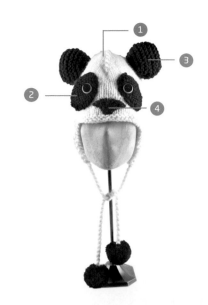

材料

Wendy Mode Chunky，50%純美麗諾羊毛
、50%壓克力（每球100g／140m）
純白（201），A色3球
炭黑（220），B色2球
7mm 棒針1副
直徑2cm〔2.25cm〕白色釦子2個
直徑1.25cm〔1.5cm〕黑色釦子2個
填充棉花少許
防解別針
毛線針
縫衣針
黑色縫衣線
製作絨球的薄卡紙

完成尺寸

八歲以下兒童〔括號內為大人尺寸〕

織片密度

10cm 平方 =13 針 18 段 / 平針編織，6mm
棒針。為求正確，請依個人編織手勁換用
較大或較小的棒針。

做法

黑眼圈、圓圓的大耳朵和鼻子分別編織製作後，縫在帽子主體上，添加釦子眼睛強調特徵，兩邊的耳蓋上垂掛著絨球兩股辮。

帽子主體 ❶

第一片耳蓋

以下大人小孩尺寸皆同

* 使用 7mm 棒針與 A 色線，起針 3 針。

段 1（加針）（正面）：下針加針、1 下針、下針加針（共 5 針）

段 2：2 下針、1 上針、2 下針

段 3（加針）：下針加針、3 下針、下針加針（共 7 針）

段 4：2 下針、3 上針、2 下針

段 5（加針）：下針加針、5 下針、下針加針（共 9 針）

段 6：2 下針、5 上針、2 下針

段 7（加針）：下針加針、7 下針、下針加針（共 11 針）

段 8：2 下針、7 上針、2 下針

段 9（加針）：下針加針、9 下針、下針加針（共 13 針）

段 10：2 下針、9 上針、2 下針

段 11（加針）：下針加針、11 下針、下針加針（共 15 針）

段 12：2 下針、11 上針、2 下針

以下僅大人尺寸需要

段 13（加針）：下針加針、13 下針、下針加針（共 17 針）

段 14：2 下針、13 上針、2 下針

以下大人小孩尺寸皆同

段 15：全部下針

段 16：織法同段 12〔大人尺寸同段 14〕*

剪線，暫時用防解別針固定。

第二片耳蓋

首先與第一片耳蓋做法相同（參照兩個星號 * 之間的編織法）。

繼續：起針 5 針，折返沿起針編織 5 下針，再沿同片耳蓋編織 15〔17〕個下針（共 20〔22〕針），翻面，繼續起針 21 針，再翻面，加上第一片耳蓋，沿第一片耳蓋編織 15〔17〕個下針接起兩片耳蓋，翻面，再繼續起針 5 針（共 61〔65〕針）

下一段（反面）：7 下針、11〔13〕上針、25 下針、11〔13〕上針、7 下針

下一段：全部下針

最後兩段重複 1 次，接著從全段上針開始，以平針編織 19〔21〕段，最後一段在反面結尾。

塑形帽頂

段 1（正面）（減針）：左下兩併針、（12〔13〕下針、1 滑針、左下兩併針、滑針套過左側針）括號內此組編織法重複 3 次、12〔13〕下針、左下兩併針（共 53〔57〕針）

段 2：全部上針

段 3（減針）：左下兩併針、（10〔11〕下針、1 滑針、左下兩併針、滑針套過左側針）括號內此組編織法重複 3 次、10〔11〕下針、左下兩併針（共 45〔49〕針）

段 4：全部上針

段 5（減針）：左下兩併針、（8〔9〕下針、1 滑針、左下兩併針、滑針套過左側針）括號內此組編織法重複 3 次、8〔9〕下針、左下兩併針（共 37〔41〕針）

段 6：全部上針

段 7（減針）：左下兩併針、（6〔7〕下針、1 滑針、左下兩併針、滑針套過左側針）括號內此組編織法重複 3 次、6〔7〕下針、左下兩併針（共 29〔33〕針）

段 8：全部上針

段 9（減針）：左下兩併針、（4〔5〕下針、1 滑針、左下兩併針、滑針套過左側針）括號內此組編織法重複 3 次、4〔5〕下針、左下兩併針（共 21〔25〕針）

段 10：全部上針

段 11（減針）：左下兩併針、（2〔3〕下針、1 滑針、左下兩併針、滑針套過左側針）括號內此組編織法重複 3 次、2〔3〕下針、左下兩併針（共 13〔17〕針）

以下僅大人尺寸需要

段 12：全部上針

段 13（減針）：左下兩併針、（1 下針、1 滑針、左下兩併針、滑針套過左側針）括號內此組編織法重複 3 次、1 下針、左下兩併針（共 9 針）

以下大人小孩尺寸皆同

剪斷毛線，用餘線穿過剩下的所有針目，拉緊收針。

耳蓋內襯（製作 2 個）

如果打算製作編織內襯，此步驟可省略。

使用 7mm 棒針與 A 色毛線，起針 3 針，依照耳蓋的製作方法編織段 1 到段 16

下一步：段 15 與段 16 重複 3 次

彈性收針

黑眼圈（製作 2 個）❷

以下大人小孩尺寸皆同

使用 7mm 棒針與 B 色毛線，起針 5 針

段 1 至段 2：全部下針

段 3（加針）：下針加針、3 下針、下針加
針（共 7 針）

以下僅大人尺寸需要

段 4：全部下針

段 5（加針）：下針加針、5 下針、下針加
針（共 9 針）

以下大人小孩尺寸皆同

段 6 至段 12：全部下針

以下僅大人尺寸需要

段 13 至段 16：全部下針

段 17（減針）：左下兩併針、5 下針、左
下兩併針（共 7 針）

段 18：全部下針

以下大人小孩尺寸皆同

段 19（減針）：左下兩併針、3 下針、左
下兩併針（共 5 針）

段 20 至段 21：全部下針

收針

耳朵（製作 2 個）

使用 7mm 棒針與 B 色毛線，起針 7〔9〕針。

段 1 至段 2：全部下針

段 3（加針）：下針加針、5〔7〕下針、
下針加針（共 9〔11〕針）

以下僅大人尺寸需要

段 4（正面）：全部下針

段 5（加針）：下針加針、7〔9〕下針、
下針加針（共 13 針）

以下大人小孩尺寸皆同

段 6 至段 10：全部下針

以下僅大人尺寸需要

段 11 至段 12：全部下針

段 13（減針）：左下兩併針、9 下針、左
下兩併針（共 11 針）

段 14：全部下針

以下大人小孩尺寸皆同

段 15（減針）：左下兩併針、5〔7〕下針、
左下兩併針（共 7〔9〕針）

段 16：全部下針

段 17（減針）：左下兩併針、3〔5〕下針、
左下兩併針（共 5〔7〕針）

段 18：全部下針

段 19（加針）：下針加針、3〔5〕下針、
下針加針（共 7〔9〕針）

段 20 至段 36：編織方法與段 2 至段 16
相同

再編織 1 段下針

收針

鼻子 4

以下大人小孩尺寸皆同

從鼻子比較窄的底部開始製作，使用
7mm 棒針與 B 色毛線，起針 3 針。

段 1（正面）：全部下針

段 2：全部上針

段 3（加針）：3 下針加針（共 6 針）

段 4：全部上針

以下僅大人尺寸需要

段 5（加針）：6 下針加針（共 12 針）

段 6：全部上針

段 7（減針）：6 左下兩併針（共 6 針）

段 8：全部上針

以下大人小孩尺寸皆同

段 9（減針）：3 左下兩併針（共 3 針）

段 10：全部上針

段 11：全部下針

以下針方向收針

組合

使用同色毛線縫合接縫。

以正面對齊正面，將耳蓋內襯與耳蓋縫合，
由主體的邊緣開始縫合，結尾同樣停在主
體邊緣，起針重疊處先不縫合，翻出正面，
接著再以藏針縫將重疊的開口縫合到主體
內側。

以背面對齊背面、起針段對齊收針段，縫
合接縫。把鼻子縫在帽子主體前面中間的
地方，比較短的一邊朝下，大約在起伏針
邊緣的上面。

以正面對齊正面，對摺耳朵，縫合側邊接
縫，起針段與收針段先不縫合，翻出正面，
塞進一點棉花，縫合開口。將底部邊緣的
兩端拉到中央，做出耳朵的模樣，縫合固
定，再把兩隻耳朵縫在帽子主體上。

以 A 色毛線製作兩條兩股辮（做法詳見第
114 頁），長度約為 20〔30〕cm，製作時
使用 6〔8〕股毛線。

以 A 色毛線製作兩個絨球（做法詳見第
114 頁），直徑大小為 5〔6〕cm，把兩個
絨球分別接在兩條兩股辮下方，兩股辮的
另一端則縫在耳蓋尖端的地方。

使用縫衣線，把小顆的黑色釦子重疊在大
顆的白色釦子上面，一起縫在眼睛的地方。

製作帽子內襯

做法詳見第 100 到 105 頁，為帽子加上一
層舒適的刷毛布料內襯或者是編織內襯。

頭好壯壯乳牛帽

這頂帽子的顏色組合可以隨心所欲替換，製作獨一無二、專屬於你的乳牛帽，彎曲立體的牛角、飽滿可愛的鼻子，配上大大的眼睛，教人愛不釋手。顏色可恣意搭配，或黑或白、或咖啡或黃的配色，一整個超吸睛。

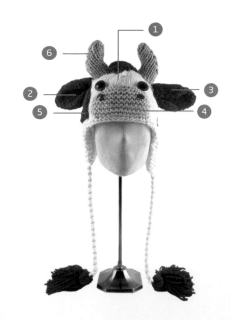

材料

Debbie Bliss Rialto Chunky，
100%美麗諾羊毛（每球50g/ 60m）
米黃色（003），A色3〔3〕球
淺駝色（006），B色1〔2〕球
墨黑色（001），C色2〔2〕球
7mm 棒針1副
直徑2.25cm〔2.75cm〕咖啡色釦子2個
直徑1.25cm〔1.5cm〕黑色釦子4個
填充棉花少許
防解別針
毛線針
縫衣針
黑色縫衣線
製作流蘇穗子的薄卡紙

完成尺寸

八歲以下兒童〔括號內為大人尺寸〕

織片密度

10cm 平方 -13 針 18 段 / 平針編織，7mm
棒針。為求正確，請依個人編織手勁換
用較大或較小的棒針。

做法

帽子主體以平針編織，乳牛的黑色斑點以起伏針另外編織，再隨意縫在帽子主體上，耳朵以兩塊織片組合而成，彎彎的牛角用加針和減針來製作。

帽子主體 ❶

*使用 7mm 棒針與 A 色線，起針 3 針。

段1（加針）（正面）：下針加針、1 下針、下針加針（共 5 針）

段2：2 下針、1 上針、2 下針

段3（加針）：下針加針、3 下針、下針加針（共 7 針）

段4：2 下針、3 上針、2 下針

段5（加針）：下針加針、5 下針、下針加針（共 9 針）

段6：2 下針、5 上針、2 下針

段7（加針）：下針加針、7 下針、下針加針（共 11 針）

段8：2 下針、7 上針、2 下針

段9（加針）：下針加針、9 下針、下針加針（共 13 針）

段10：2 下針、9 上針、2 下針

段11（加針）：下針加針、11 下針、下針加針（共 15 針）

段12：2 下針、11 上針、2 下針

以下僅大人尺寸需要

段13（加針）：下針加針、13 下針、下針加針（共 17 針）

段14：2 下針、13 上針、2 下針

以下大人小孩尺寸皆同

段15：全部下針

段16：織法同段 12〔大人尺寸同段 14〕*剪線，暫時用防解別針固定。

第二片耳蓋

首先與第一片耳蓋做法相同（參照兩個星號 * 之間的編織法）。

繼續：起針 5 針，折返沿起針編織 5 下針，再沿同片耳蓋編織 15〔17〕個下針（共 20〔22〕針），翻面，繼續起針 21 針，再翻面，加上第一片耳蓋，沿第一片耳蓋編織 15〔17〕個下針接起兩片耳蓋，翻面，再繼續起針 5 針（共 61〔65〕針）

下一段（反面）：7 下針、11〔13〕上針、25 下針、11〔13〕上針、7 下針

下一段：全部下針

最後兩段重複 1 次，接著從全段上針開始，以平針編織 19〔21〕段，最後一段在反面結尾。

塑形帽頂

段1（正面）（減針）：左下兩併針、（12〔13〕下針、1 滑針、左下兩併針、滑針套過左側針）括號內此組編織法重複 3 次、12〔13〕下針、左下兩併針（共 53〔57〕針）

段2：全部上針

段3（減針）：左下兩併針、（10〔11〕下針、1 滑針、左下兩併針、滑針套過左側針）將括號內此組編織法重複 3 次、10〔11〕下針、左下兩併針（共 45〔49〕針）

段4：全部上針

段5（減針）：左下兩併針、（8〔9〕下針、1 滑針、左下兩併針、滑針套過左側針）括號內此組編織法重複 3 次、8〔9〕下針、左下兩併針（共 37〔41〕針）

段6：全部上針

段7（減針）：左下兩併針、（6〔7〕下針、1 滑針、左下兩併針、滑針套過左側針）括號內此組編織法重複 3 次、6〔7〕下針、左下兩併針（共 29〔33〕針）

段8：全部上針

段9（減針）：左下兩併針、（4〔5〕下針、1 滑針、左下兩併針、滑針套過左側針）括號內此組編織法重複 3 次、4〔5〕下針、左下兩併針（共 21〔25〕針）

段10：全部上針

段11（減針）：左下兩併針、（2〔3〕下針、1 滑針、左下兩併針、滑針套過左側針）括號內此組編織法重複 3 次、2〔3〕下針、左下兩併針（共 13〔17〕針）

以下僅大人尺寸需要

段12：全部上針

段13（減針）：左下兩併針、（1 下針、1 滑針、左下兩併針、滑針套過左側針）括號內此組編織法重複 3 次、1 下針、左下兩併針（共 9 針）

以下大人小孩尺寸皆同

剪斷毛線，用餘線穿過剩下的所有針目，拉緊收針。

耳蓋內襯（製作 2 個）

如果打算製作編織內襯，此步驟可省略。

使用 7mm 棒針與 A 色毛線，起針 3 針，依照耳蓋的製作方法編織段 1 到段 16

下一步：段 15 與段 16 重複 3 次
彈性收針

外耳（製作 2 個）❷

以下大人小孩尺寸皆同

使用 7mm 棒針與 C 色毛線，起針 3 針。

段1（加針）：下針加針、1 下針、下針加針（共 5 針）

段2：全部上針

段3（加針）：下針加針、3 下針、下針加針（共 7 針）

段4：全部上針

段5（加針）：下針加針、5 下針、下針加針（共 9 針）

段6：全部上針

段7（加針）：下針加針、7 下針、下針加針（共 11 針）

段8：全部上針

段9（加針）：下針加針、9 下針、下針
加針（共 13 針）

以下僅大人尺寸需要

段10：全部上針

段11（加針）：下針加針、11 下針、下
針加針（共 15 針）

以下大人小孩尺寸皆同

以平針編織 9 段

收針

內耳（製作 2 個）❸

使用 7mm 棒針與 C 色毛線，起針 3 針。
與外耳做法相同。

鼻子 ❹

使用 7mm 棒針與 B 色毛線，起針 15
〔17〕針。
以起伏針編織 8〔10〕段
下一段（減針）：左下兩併針、11〔13〕
下針、左下兩併針（共 13〔15〕針）
下一段：全部下針
下一段（減針）：左下兩併針、9〔11〕
下針、左下兩併針（共 11〔13〕針）
下一段：全部下針
下一段（減針）：左下兩併針、7〔9〕
下針、左下兩併針（共 9〔11〕針）
收針

斑點（製作 4 個）❺

以下大人小孩尺寸皆同
使用 7mm 棒針與 C 色毛線，起針 5 針。
段 1（加針）：下針加針、3 下針、下
針加針（共 7 針）
段 2：全部下針
段 3（加針）：下針加針、5 下針、下
針加針（共 9 針）
以下僅大人尺寸需要
段 4：全部下針
段 5（加針）：下針加針、7 下針、下
針加針（共 11 針）
以下大人小孩尺寸皆同
編織下針 5〔7〕段
下一段（減針）：左下兩併針、5〔7〕
下針、左下兩併針（共 7〔9〕針）
下一段：全部下針
下一段（減針）：左下兩併針、3〔5〕
下針、左下兩併針（共 5〔7〕針）
編織下針 6 段

下一段（減針）：左下兩併針、1〔3〕
下針、左下兩併針（共 3〔5〕針）
收針

牛角（製作 2 個）❻

使用 7mm 棒針與 B 色毛線，拉雙股線，
起針 11〔15〕針。
段 1（減針）：左下兩併針、編織下針
到剩下 2 針為止、左下兩併針（共 9
〔13〕針）
段 2：全部上針
以下僅大人尺寸需要
段 3（減針）：左下兩併針、編織下針
到剩下 2 針為止、左下兩併針（共 11
針）
段 4：全部上針
以下大人小孩尺寸皆同
段 5（減針）：下針加針、2〔3〕下針、
1 滑針、左下兩併針、將滑針套過左側
針、2〔3〕下針
段 6：全部上針
段 5 和段 6 重複 1〔2〕次
下一段（減針）：3〔4〕下針、1 滑針、
左下兩併針、將滑針套過左側針、3〔4〕
下針（共 7〔9〕針）
下一段：全部上針
下一段（減針）：左下兩併針、0〔1〕
下針、1 滑針、左下兩併針、將滑針套
過左側針、0〔1〕下針、左下兩併針（共
3〔5〕針）
剪斷毛線，用餘線穿過剩下的所有針
目，拉緊收針。

組合

使用同色毛線縫合接縫。
以正面對齊正面，將耳蓋內襯與耳蓋縫
合，由主體的邊緣開始縫合，結尾同樣
停在主體邊緣，起針重疊處先不縫合，

翻出正面，接著再以藏針縫將重疊的開口
縫合到主體內側。

縫合牛角彎曲的接合處，塞緊棉花，縫在
帽子頂端兩側，彎角朝內。以正面對齊正
面，將外耳與內耳縫合，留一個開口先不
縫合，翻出正面，縫合收針段，將兩端拉
到中央，做出耳朵的模樣，縫合固定，再
把兩隻耳朵縫在帽子主體上，就在牛角的
旁邊，沿著耳朵底部邊緣縫一整圈固定。

把鼻子縫在帽子前緣，大約在起伏針邊緣
的上面，留一個開口先不縫合，塞進一些
棉花，塑造出形狀，縫合開口，拉緊收針。
把黑色斑點的織片隨意縫在帽子主體上，
位置不拘。

以 A 色毛線製作兩條兩股辮（做法詳見第
114 頁），長度約為 20〔30〕cm，製作時
使用 6〔8〕股毛線。以 C 色毛線製作兩個
流蘇穗子（做法詳見第 115 頁），長度為
10〔13〕cm，把兩個流蘇穗子分別接在兩
條兩股辮下方，兩股辮的另一端則縫在耳
蓋尖端的地方。

使用縫衣線，把小顆的黑色釦子重疊在大
顆的咖啡色釦子上面，縫在帽子主體上眼
睛的位置，把另外兩顆黑色的小釦子縫在
帽子前緣鼻孔的地方。

製作帽子內襯

做法詳見第 100 到 105 頁，為帽子加上一
層舒適的刷毛布料內襯或者是編織內襯。

製作帽子內襯

lining your hat

想要讓動物帽的造型更為精緻，多花一點工夫製作帽子內襯，是值得的！本單元提供十五款動物帽的內襯製作方式、做法及紙型，讓讀者製作出更加舒適、更具特色風格的溫暖動物帽。

sewing in a fleece lining

縫製刷毛布內襯

這款內襯適用於本書中所有的帽子，能讓編織好的帽子戴起來更加舒適。建議使用刷毛布製作內襯，不過也可以改用針織布料或者是毛巾布料。

材料

56 x 56cm〔63.5 x 63.5cm〕的刷毛布
同色系的縫線
縫衣針
裁縫珠針
一公分方格紙（或是使用影印機）
鉛筆
剪刀

做法

1 使用第106頁的版型，放大到所需要的尺寸（大人或小孩），可以依樣畫到 1cm 方格紙上，或者是放大影印（200%）

2 沿實線剪下紙型，1.5cm 的縫份已經包含在裡面，虛線代表的就是縫線的位置。

3 將布料摺出一個 45 度角，找出斜紋（bias），這條對角線穿過了布料的經緯線（也就是垂直線和水平線，詳見第 105 頁圖示）

4 把紙型放在摺角的刷毛布上，紙型上的布紋線要順著布料上的經線（垂直線），這樣製作出來的內襯才會有彈性。注意紙型上標示的摺疊處，要對齊布料上摺出來的那道斜紋，用珠針把紙型固定在布料上，剪裁刷毛布。

5 縫合紙型上所標示的三角鏢形狀縫摺，沿著虛線別上珠針固定之後縫合，然後沿著曲線剪裁缺口（詳見第 101 頁下方圖示），修剪布塊。

6 留下大約 1.5cm 的摺邊，翻面，把製作好的內襯用珠針固定在編織帽子內層，就在起針段上面的地方，內襯縫合處對齊帽子主體的縫合處，調整內襯的位置，然後以藏針縫在帽子的邊緣固定內襯，帽頂的地方也縫幾針，有助於固定內襯。

找出斜紋

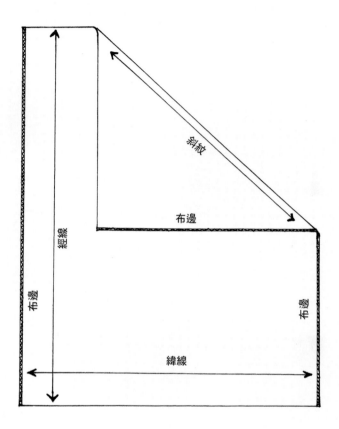

剪裁缺口

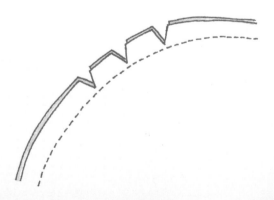

內襯紙型
1方格＝1cm

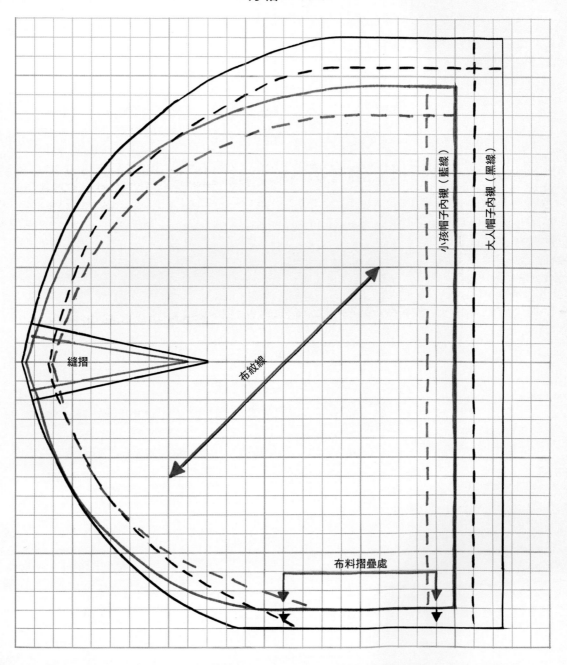

縫摺

布紋線

小孩帽子內襯（藍線）

大人帽子內襯（黑線）

布料摺疊處

用影印機放大（200％），把左上角的 ▶ 黑色箭頭對齊影印機的左上角即可

inserting a knitted lining

加入編織內襯

除了刷毛布之外，另一種舒適的好選擇是編織內襯，可以使用跟動物帽子一樣顏色的毛線，也可以採用對比色系的毛線。

材料

100gA色毛線，
顏色與動物帽子主體一致
所需的棒針尺寸，
請參考各頂動物帽子的說明
防解別針
毛線針

尺寸

八歲以下兒童
〔括號內為大人尺寸〕

材料

所需的織片密度請參考各頂動物帽子的說明

做法

編織內襯的製作方法與動物帽子相同，因此請參考各頂動物帽子的說明，確認所需的毛線種類、棒針尺寸以及織片密度。首先製作耳蓋內襯（如果需要的話），接著繼續以平針編織帽子主體的內襯，縫合接縫，再把縫製好的編織內襯放進帽子內，縫合固定，如果有兩股辮、絨球或流蘇穗子的裝飾，最後再加上去。

內襯編織圖注意事項

內襯編織圖的說明裡面包含了耳蓋內襯，因此織帽子主體時，可以省略耳蓋內襯不用編織（除了小狗帽子與企鵝帽子以外）。把動物特徵都縫上去之後，再縫合編織內襯。如果耳蓋要接兩股辮，先縫合編織內襯，之後再接上兩股辮。

內襯織法

適用於兔子、雞、乳牛、大象、狐狸、無尾熊、小猴、老鼠、熊貓

第一片耳蓋

大人小孩尺寸皆同

*使用6mm（小猴）或6.5mm（兔子）或7mm（雞、乳牛、大象、狐狸、無尾熊、老鼠、熊貓）棒針與A色毛線，起針3針。

段1（加針）（正面）：下針加針、1下針、下針加針（共5針）

段2：2下針、1上針、2下針

段3（加針）：下針加針、3下針、下針加針（共7針）

段4：2下針、3上針、2下針

段5（加針）：下針加針、5下針、下針加針（共9針）

段6：2下針、5上針、2下針

段7（加針）：下針加針、7下針、下針加針（共11針）

段8：2下針、7上針、2下針

段9（加針）：下針加針、9下針、下針加針（共13針）

段10：2下針、9上針、2下針

段11（加針）：下針加針、11下針、下針加針（共15針）

段12：2下針、11上針、2下針

以下僅大人尺寸需要

段13（加針）：下針加針、13下針、下針加針（共17針）

段14：2下針、13下針、2下針

以下大人小孩尺寸皆同

段 15：全部下針

段 16：編織方法與段 12〔14〕相同 *

剪斷毛線，暫時以防解別針固定。

第二片耳蓋

首先與第一片耳蓋做法相同（參照兩個星號 * 之間的編織法）。

繼續：起針 5 針，折返沿起針編織 5 下針，再沿同片耳蓋編織 15〔17〕個下針（共 20〔22〕針），翻面，繼續起針 21 針，再翻面，加上第一片耳蓋，沿第一片耳蓋編織 15〔17〕個下針接起兩片耳蓋，翻面，再繼續起針 5 針（共 61〔65〕針）。

下一段（反面）：7 下針、11〔13〕上針、25 下針、11〔13〕上針、7 下針

下一段：全部下針

最後兩段重複 1 次，接著從全段上針開始，以平針編織 19〔21〕段，最後一段在反面結尾。

塑形帽頂

段 1（正面）（減針）：左下兩併針、（12〔13〕下針、1 滑針、左下兩併針、滑針套過左側針）括號內此組編織法重複 3 次、12〔13〕下針、左下兩併針（共 53〔57〕針）

段 2：全部上針

段 3（減針）：左下兩併針、（10〔11〕下針、1 滑針、左下兩併針、滑針套過左

側針）括號內此組編織法重複 3 次、10〔11〕下針、左下兩併針（共 45〔49〕針）

段 4：全部上針

段 5（減針）：左下兩併針、（8〔9〕下針、1 滑針、左下兩併針、滑針套過左側針）括號內編織法重複 3 次、8〔9〕下針、左下兩併針（共 37〔41〕針）

段 6：全部上針

段 7（減針）：左下兩併針、（6〔7〕下針、1 滑針、左下兩併針、滑針套過左側針）括號內此組編織法重複 3 次、6〔7〕下針、左下兩併針（共 29〔33〕針）

段 8：全部上針

段 9（減針）：左下兩併針、（4〔5〕下針、1 滑針、左下兩併針、滑針套過左側針）括號內此組編織法重複 3 次、4〔5〕下針、左下兩併針（共 21〔25〕針）

段 10：全部上針

段 11（減針）：左下兩併針、（2〔3〕下針、1 滑針、左下兩併針、滑針套過左側針）括號內此組編織法重複 3 次、2〔3〕下針、左下兩併針（共 13〔17〕針）

以下僅大人尺寸需要

段 12：全部上針

段 13（減針）：左下兩併針、（1 下針、1 滑針、左下兩併針、滑針套過左側針）括號內此組編織法重複 3 次、1 下針、左下兩併針（共 9 針）

以下大人小孩尺寸皆同

剪斷毛線，用餘線穿過剩下的所有針目，拉緊收針。

小豬帽子的編織內襯

使用 7mm 棒針與 A 色毛線，起針 61〔65〕針。從下針段開始，以平針編織 16〔18〕段，最後一段在反面結束。

塑形帽頂

做法與上述（雞、乳牛、大象、狐狸、無尾熊、老鼠、熊貓）內襯相同。

小狗帽子與企鵝帽子的編織內襯

使用 7mm 棒針與 A 色毛線，起針 61〔65〕針，以起伏針編織 3 段，從下針段開始，以平針編織 20〔22〕段，最後一段在反面結束。

塑形帽頂

段 1（正面）（減針）：左下兩併針、11〔12〕下針、1 滑針、左下兩併針、將滑針套過左側針、（13〔14〕下針、1 滑針、左下兩併針、將滑針套過左側針）括號內此組編織法重複 2 次、11〔12〕下針、左下兩併針（共 53〔57〕針）

段 2：全部上針

段 3（減針）：左下兩併針、9〔10〕下針、1 滑針、左下兩併針、將滑針套過左

側針、（11〔12〕下針、1 滑針、左下兩併針、將滑針套過左側針）括號內此組編織法重複 2 次、9〔10〕下針、左下兩併針（共 45〔49〕針）

段 4：全部上針

段 5（減針）：左下兩併針、7〔8〕下針、1 滑針、左下兩併針、將滑針套過左側針、（9〔10〕下針、1 滑針、左下兩併針、將滑針套過左側針）括號內此組編織法重複 2 次、7〔8〕下針、左下兩併針（共 37〔41〕針）

段 6：全部上針

段 7（減針）：左下兩併針、5〔6〕下針、1 滑針、左下兩併針、將滑針套過左側針、（7〔8〕下針、1 滑針、左下兩併針、將滑針套過左側針）括號內此組編織法重複 2 次、5〔6〕下針、左下兩併針（共 29〔33〕針）

段 8：全部上針

段 9（減針）：左下兩併針、3〔4〕下針、1 滑針、左下兩併針、將滑針套過左側針、（5〔6〕下針、1 滑針、左下兩併針、將滑針套過左側針）括號內此組編織法重複 2 次、3〔4〕下針、左下兩併針（共 21〔25〕針）

段 10：全部上針

段 11（減針）：左下兩併針、1〔2〕下針、1 滑針、左下兩併針、將滑針套過左側針、（3〔4〕下針、1 滑針、左下兩併針、將滑針套過左側針）括號內此組編織法重複 2 次、1〔2〕下針、左下兩併針（共 13〔17〕針）

以下僅大人尺寸需要

段 12：全部上針

段 13（減針）：左下兩併針、1 滑針、左下兩併針、將滑針套過左側針、（2 下針、1 滑針、左下兩併針、將滑針套過左側針）括號內此組編織法重複 2 次、左下兩併針（共 9 針）

以下大人小孩尺寸皆同

剪斷毛線，用餘線穿過剩下的所有針目，拉緊收針。

青蛙帽子與獅王帽子的編織內襯

第一片耳蓋

大人小孩尺寸皆同

* 使用 10mm（青蛙）或 12mm（獅王）棒針與 A 色毛線，起針 3 針。

段 1（加針）（正面）：下針加針、1 下針、下針加針（共 5 針）

段 2：2 下針、1 上針、2 下針

段 3（加針）：下針加針、3 下針、下針加針（共 7 針）

段 4：2 下針、3 上針、2 下針

段 5（加針）：下針加針、5 下針、下針加針（共 9 針）

段 6：2 下針、5 上針、2 下針

以下僅大人尺寸需要

段 7（加針）：下針加針、7 下針、下針加針（共 11 針）

段 8：2 下針、7 上針、2 下針

以下大人小孩尺寸皆同

段 9：全部下針

段 10：編織方法與段 6〔8〕相同 *

剪斷毛線，暫時以防解別針固定。

第二片耳蓋

首先與第一片耳蓋做法相同（參照兩個星號 * 之間的編織法）。

下一段：起針 4 針，折返沿起針編織 4 下針，再沿同片耳蓋編織 9〔11〕個下針（共 13〔15〕針），翻面，繼續起針 15 針，再翻面，加上第一片耳蓋，沿第一片耳蓋編織 9〔11〕個下針接起兩片耳蓋，翻面，再繼續起針 4 針（共 41〔45〕針）

下一段（反面）：6 下針、5〔7〕上針、19 下針、5〔7〕上針、6 下針

下一段：全部下針

反面段再重複 1 次

從下針段開始，編織平針織 16 段，在上針段結束。

塑形帽頂

段 1（減針）：左下兩併針、（7〔8〕下針、1 滑針、左下兩併針、將滑針套過左側針）括號內此組編織法重複 3 次、7〔8〕下針、左下兩併針（共 33〔37〕針）

段 2：全部上針

段 3（減針）：左下兩併針、（5〔6〕下針、1 滑針、左下兩併針、將滑針套過左側針）括號內此組編織法重複 3 次、5〔6〕下針、左下兩併針（共 25〔29〕針）

段 4：全部上針

段 5（減針）：左下兩併針、（3〔4〕下針、1 滑針、左下兩併針、將滑針套過左側針）括號內此組編織法重複 3 次、3〔4〕下針、左下兩併針（共 17〔21〕針）

段 6：全部上針

段 7（減針）：左下兩併針、（1〔2〕下針、1 滑針、左下兩併針、將滑針套過左側針）括號內此組編織法重複 3 次、1〔2〕下針、左下兩併針（共 9〔13〕針）

剪斷毛線，用餘線穿過剩下的所有針目，拉緊收針。

貓咪帽子的編織內襯

使用 7.5mm 棒針與 A 色毛線，起針 41〔45〕針。以起伏針編織 3 段，換成 8mm 棒針，從下針段開始編織平針織 14〔16〕段。

塑型帽頂

做法與上述（青蛙、獅王）帽子內襯相同。

基本編織工法

basic techniques

想要讓動物帽更活靈活現，學會基本
的編織工法是必要的。同時，本單元
也和讀者分享在編織前應該注意的事
項，詳讀此單元，讓你的動物帽編織
起來，快又順手又好看！

在編織開始之前

開始動手編織之前，請務必仔細閱讀每頂帽子
所需材料清單，先行準備好所需要材料，然後按圖索
驥，一步步編織出可愛得不得了的動物帽。

尺寸

完成的動物帽子尺寸有兩種，分別適用於八歲以下兒童及一般大人，詳見「閱讀編織圖」。

織片密度

開始編織之前，確認織片密度非常重要，密度會影響到編織成品的尺寸和外觀。所謂織片密度，就是每 $10cm^2$ 大小的織片所需的針數和段數，試織的織片應該要夠大（大約 $13cm^2$），測量起來才比較容易。

依照編織圖上所標示的針號尺寸和針數，試織一塊織片，攤平，將尺水平擺放，用珠針標示出 10cm 的長度，接著計算針數，只有一半的也要算進去，這樣就可以測量出織片密度所需的針數；接下來把尺垂直擺放，用珠針標示出 10cm 的高度，計算段數。如果計算出來的數目比編織圖上

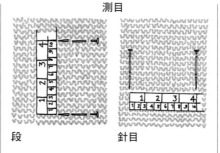

測目

段　　　　　　針目

標示的多，就表示你的織片密度比較緊，應該換用比較大的針號；如果計算出來的數目比較少，就表示你的織片密度比較鬆，應該換用比較小的針號。

更換毛線

如果要改用其他的毛線，務必確認所需的毛線用量，以毛線長度來換算需要幾球毛線，不可以用毛線重量來換算，因為重量會隨著毛線材質不同而有所變化。織片密度也很重要，開始編織之前，務必拿想要使用的毛線試織一塊織片，測量織片密度。

閱讀編織說明

動物帽子的編織圖有小孩與大人兩種尺寸，寫在前面的是小孩的尺寸，方括號內則是〔大人的尺寸〕，說明中如果出現數字 0，就是該尺寸不需要編織，沒有方括號標示的地方，就是大人與小孩尺寸的做法相同。

閱讀編織圖示

圖上的每一個方格就代表一針，每一橫行就代表一段，不同顏色的方格表示需要使用不同顏色的毛線。看圖的方式為從下到上，正面時由右到左，反面時由左到右。

基本編織技巧

本書中所需要的基本編織技巧，在這篇都有詳細說明，從起針到收針，從縫合到製作絨球，一應俱全。

活結

活結（或是可調整的線環）就是棒針上的第一針。

1 拿起毛線的一端做成一個圈，把短的一端從圈內拉出來，穿入棒針，拉緊線環，毛線長的一端接著整球毛線。

2 把線環掛在棒針上，不要拉得太緊。拉短的一端可以把結鬆開；反之，拉長的一端可以把結拉緊。

麻花式起針

這個起針方法能夠製作出富有彈性的起針段，適合需要堅固又有彈性邊緣的作品。

1 在左手棒針掛上一個活結，以右手棒針穿入線環，從下方往上繞線。

2 把繞好的線拉過線環。

3 把拉過來的線圈掛上左手棒針。

4 從第三針開始，把右手棒針穿入左手棒針上兩針之間的空隙，從下方往上，在右手棒針上繞線，再把繞好的線圈拉到前面來，掛上左手棒針。

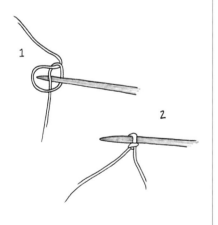

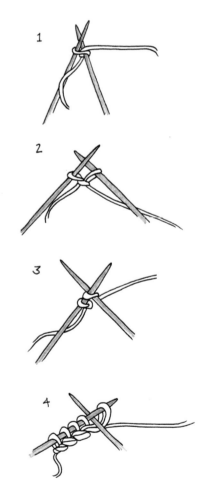

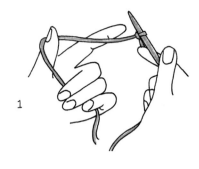

1

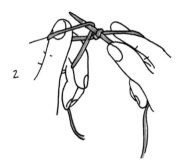

2

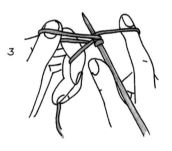

3

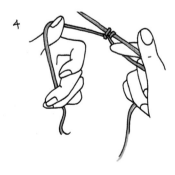

4

手指掛線起針

使用這個方法需要預留一段長毛線（大約是所需編織長度的 3 倍），因為不同於前一種方法，這個方法不是從整球毛線那端用線。

1 做一個活結，預留一段長毛線，右手拿棒針，左手大拇指掛上預留的毛線，下方以手指固定。

2 將棒針由下方穿過大拇指上掛的毛線，然後往上。

3 接著用棒針挑起食指上的毛線，就是從整球毛線那端拉過來的線。

4 把挑起的毛線穿過大拇指上掛的線圈，掛上棒針，接著鬆開大拇指，拉緊毛線，調整針目的鬆緊度。

下針

如果每一段都編織下針，就可以製作出正反面花樣都一樣的起伏針編織。編織下針時，每一針都從左手的棒針編織到右手的棒針上，完成一段編織以後，兩邊的棒針再換手，繼續編織下一段。

1 把右手棒針穿進左手棒針上的第一針，由前往後。

2 在右手棒針上掛線（毛線放在後側）。

3 把線往前從針目中拉出，在右手棒針上形成新的一針。

4 製作步驟 3 的同時，把左手棒針上原來的針目放掉，這樣就完成了一個下針。

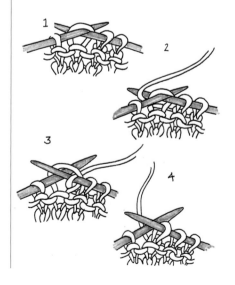

上針

上針就是下針的反面，左手棒針上的針目放掉後會在前方。如果每一段都編織上針，效果就跟每一段都編織下針一模一樣，可以製作出起伏針編織。每一段輪流編織上針和下針，可以製作出平針編織。每一針輪流編織上針和下針，可以製作出鬆緊編織。

1 毛線放在前側，把右手棒針穿進左手棒針上的第一針，由後往前，以逆時鐘方向把毛線掛上右手棒針。

2 把線往前從針目中拉出，在右手棒針上形成新的一針。

3 製作步驟 2 的同時，把左手棒針上原來的針目放掉，這樣就完成了一個上針。

起伏針

每一段都編織下針。

平針編織

段1（正面）：全部下針
段2（反面）：全部上針
重複段1與段2，即可製作出平針編織。

反面平針編織

這是平針編織的背面，也就是把上針段那一面當作正面。
段1（正面）：全部上針
段2（反面）：全部下針

起伏針

平針

反面平針

圈圈針

步驟1和步驟2，以數字8的方向繞線，並在右手棒針上做出兩個線環，繞在手指上的線圈，就是獅子的鬃毛。

1 右手棒針穿入下一針目中，把左手食指擺在右手棒針後方，用毛線以順時鐘方向將食指與棒針一起繞一圈。

2 接著依照編織下針的方法在右手棒針上繞線（也就是逆時鐘方向），編織下針，手指繼續撐住線圈。

3 把剛剛編織好的兩針掛回左手棒針上，接著一起從線環後圈把兩針編織在一起。

4 從線圈中抽出手指，把線圈拉到前面來，再繼續編織下一針。

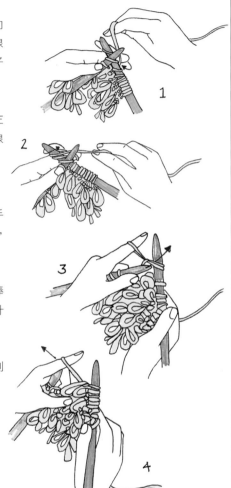

收針

收針可以讓針目不會散開，製作出平整的邊緣，記住不可以收得太緊，免得作品沒有彈性。

下針收針

1 編織兩個下針，把右手棒針上右邊的針目套過左邊的針目後放掉。

2 現在右手棒針上只剩下一針，繼續編織下針，讓右手棒針上再度成為兩針，接著重複步驟1，直到全部只剩下一針為止，剪斷毛線，把毛線穿過最後一針，拉緊收針。

上針收針

方法同下針收針，只是把編織下針改為編織上針。

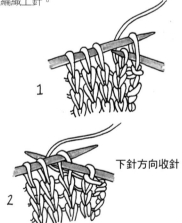

下針方向收針

嵌花編織

嵌花編織是使用色塊來製作圖樣，每一個色塊分別使用小球毛線，不同顏色交會處在背面繞線固定。這個方法不需要把不同顏色的線拉來拉去，能避免毛線纏住，保持針目清爽。

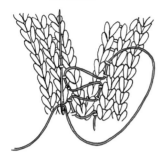

挑針併縫

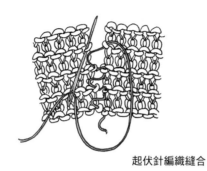

起伏針編織縫合

回針縫

注意確認針腳平整,要縫成一直線,回針縫的縫邊能給作品增添精緻的感覺。

1 以正面對齊正面,從邊緣入針,兩片先各縫幾針,固定接縫。

2 從距離前一針尾端約一針寬的位置,把縫針入針回前一塊織片,重複此步驟到結束,縫合接縫。

接縫

接縫處應該使用前端鈍一點的毛線針或是縫衣針來縫合,並且要使用同色毛線,最好是編織作品起針或收針時所留下來的一段線,因為其中有一端已經固定好了;若是要另外加上毛線縫合,記得在開頭的地方留下長長一段,之後才方便藏線,避免露出不整齊的線頭。請注意要對齊編織圖樣或形狀再縫合。

挑針併縫

這個方法可以無縫接合織片,適合用來縫合平針編織的作品,可以製作出很完美的平整成品。把兩塊織片平放在一起,邊緣對齊邊緣,正面朝上,從介於兩針之間的橫線下方入針,接著把針插入另一塊織片同樣位置的橫線,拉線縫合,重複此步驟,每隔幾針就挑起橫線,縫合邊緣。

起伏針編織縫合

適用於起伏針織片的縫合,也很適合用來縫合精細的作品,可以製作出富有彈性的平整接縫。把兩塊織片平放在一起,邊緣對齊邊緣,正面朝上,從兩邊的織片邊緣輪流挑起圈圈縫合。

藏針縫

從織片反面入針,接著插入起針邊或是收針邊的一針,重複此步驟至結束,保持針腳平整,不要拉得太緊。

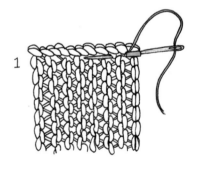

1

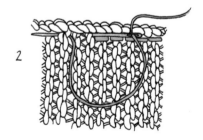

2

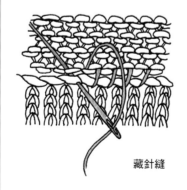

藏針縫

finishing touches

編織結尾修飾

在帽子的兩股辮尾端加上絨球和流蘇穗子，不但有裝飾效果，也能夠增加帽子的份量。用刺繡的方式加上動物的特徵，也為帽子妝點獨特的個性。

兩股辮

1 量好所需要的毛線用量，包括需要的股數及長度，把量好的毛線兩端打結，一端固定在勾子或門把上面，另一端插進一枝鉛筆，用拇指和食指拿著鉛筆，把毛線繃緊，以順時針方向轉動鉛筆，把多股毛線扭在一起。

2 繼續轉動鉛筆，直到多股毛線緊繃扭捻在一起，把扭緊的毛線對摺，放手讓對摺的兩段自然地扭成一條兩股辮，拿掉鉛筆，小心地拆開兩端的結，用穿了針的線在兩股辮頂端纏繞幾圈，最後再縫幾針固定，也可以保留兩端的結，不過看起來會比較厚重一點。

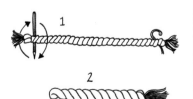

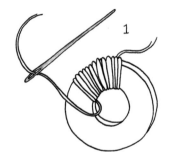

絨球

1 依照所需尺寸，裁剪兩張圓形的薄卡紙，中間挖一個洞，洞的大小大約是絨球的三分之一。用毛線針穿一段長長的雙股毛線纏繞卡紙，從中間的洞往外纏繞，線用完了就再穿另外一段，直到中間的洞填滿為止。

2 沿著外圈兩張薄卡紙中間剪開毛線，再用另一段毛線從中間綁緊，記得要留下一段夠長的線，才能把絨球固定在兩股辮上。移除卡紙，修剪絨球，弄成蓬鬆的圓球狀。

流蘇穗子

1 依照需要的流蘇穗子長度，裁剪一張卡紙，在卡紙上繞線，繞到想要的厚度之後，剪斷毛線，留一段長長的線，用針把這段長線穿過繞在卡紙上的全部毛線圈，在上方繫緊。

2 移除卡紙，在繫緊的頂端稍微下面一點處，纏繞毛線後縫幾針固定，再把針穿過繫緊的頂端，留下一段線才能把流蘇穗子固定在兩股辮上。剪開穗子下方的毛線圈，修剪整齊。

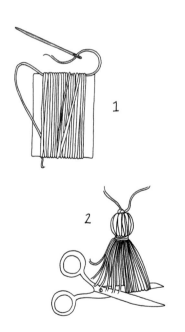

法式結粒繡

1 從想要刺繡的地方出針，把線掛在左手大拇指上，然後在針上繞兩圈，拉穩。

2 從靠近出針的地方入針，把線拉緊，讓繞在針上的線成為線結，再從下一個想要刺繡的地方出針，把線穿回正面。

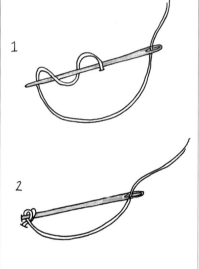

刺繡鬍鬚

把要用的毛線穿進前端鈍一點的毛線針，從反面入針，固定在鼻子附近。

1 出針處選在鼻子旁邊、鬍鬚開始的地方，接著從鬍鬚要結束的地方再次入針，繡出長長的一針。

2 從第二根鬍鬚開始的地方出針，再從第二根鬍鬚要結束的地方入針，繡出長長的一針。

3 重複以上的步驟，做出第三根鬍鬚，拉緊收針。

歐美毛線編織小知識

英文縮寫及參考中文

縮寫	英文	參考中文	縮寫	英文	
alt	alternate	輪流使用	pfb	purl into front and	上針加針
approx	approximately	大約		back of next st	
beg	beginning	開頭	rem	remaining	剩下的
cm	centimetre(s)	公分	rep	repeat	重複
cont	continue	接續	RH	right hand	右手
dec	decrease	減針	RS	right side	正面
DK	double knit	中細線 / 雙面編織	sl	slip	滑過不織
foll	following	接下來	sl st	slip stitch	滑針
g-st	garter stitch	起伏針	st(s)	stitch(es)	針目
in	inch(es)	吋	st st	stocking stitch	平針編織
inc	increase	加針	tbl	through back of	從針目後方編織
K	knit	下針		the loop	
kfb	increase by working	下針加針（在同一針目	tog	together	合併
	into front and back	中前後都各編織一個下	WS	wrong side	反面
	of same stitch	針，共做出 2 針）	yf	yarn forward	把毛線移到前面
k2tog	decrease by knitting	左下兩併針	*	work instructions	依照 * 後面的指示編織，
	two stitches together			immediately	並且依照說明重複
kwise	by knitting the st	以下針方向編織		following *, then	
meas	measures	測量起來		rep. as directed	
MC	main colour	主要顏色	( )	rep instructions	依照說明重複括號內此
ML	make loop	製作圈圈針		inside brackets	組編織法
P	purl	上針		as many times as	
patt	pattern	圖樣版型		instructed	
p2tog	purl 2 together	左上兩併針			
p2togtbl	purl 2 together	從針目後方編織左上兩			
	through the back	併針			
	loops				
psso	pass slipped stitch	將滑針套過左側針			
	over				

棒針及毛線尺寸換算

英制	公制	美制
14	2mm	0
13	2.5mm	1
12	2.75mm	2
11	3mm	–
10	3.25mm	3
–	3.5mm	4
9	3.75mm	5
8	4mm	6
7	4.5mm	7
6	5mm	8
5	5.5mm	9
4	6mm	10
3	6.5mm	10.5
2	7mm	10.5
1	7.5mm	11
0	8mm	11
00	9mm	13
000	10mm	15

英制／美制毛線重量

英制	美制	參考中文
2-ply	Lace	蕾絲線
3-ply	Fingering	超細線
4-ply	Sport	細線
Double knitting (DK)	Light worsted	中細線
Aran	Fisherman/worsted	中粗線
Chunky	Bulky	粗線
Super chunky	Extra bulky	超粗線

朱雀文化　和你快樂品味生活

Hands系列

Hands043	用撥水＆防水布做提袋、雨具、野餐墊和日常用品──超簡單直線縫，新手1天也OK的四季防水生活雜貨／水野佳子著 定價320元
Hands044	從少女到媽媽都喜愛的100個口金包──1000張以上教學圖解＋原寸紙型光碟，各種類口金、包款齊全收錄／楊孟欣著　定價530元
Hands045	新手也OK的紙膠帶活用術──撕、剪、貼，隨手畫畫、做卡片和居家裝飾／宋孜穎著　定價350元
Hands046	可愛雜貨風手繪教學200個手繪圖範例＋10款雜貨應用／李尚垠著　定價320元
Hands047	超可愛不織布娃娃和配件：原寸紙型輕鬆縫、簡單做／雪莉・唐恩Shelly Down著　定價380元
Hands048	超立體・動物造型毛線帽：風靡歐美！寒冬有型，吸睛又保暖。／凡妮莎・慕尼詩Vanessa Mooncie著 定價380元

EasyTour系列

EasyTour016	無料北海道──不花錢泡溫泉、吃好料、賞美景／王水著　定價299元
EasyTour024	金磚印度India──12大都會商務&休閒遊／麥慕貞著　定價380元
EasyTour027	香港HONGKONG──好吃、好買，最好玩／王郁婷、吳永娟著　定價299元
EasyTour030	韓國打工度假──從申辦、住宿到當地找工作、遊玩的第一手資訊／曾莉婷、卓曉君著　定價320元
EasyTour031	新加坡 Singapore 好逛、好吃，最好買──風格咖啡廳、餐廳、特色小店尋味漫遊／諾依著　定價299元
EasyTour032	環遊世界聖經【夢想啟程增訂版】／崔大潤、沈泰烈著　定價699元

Free系列

Free001	貓空喫茶趣──優游茶館・探訪美景／黃麗如著　定價149元
Free002	北海岸海鮮之旅──呷海味・遊海濱／李旻著　定價199元
Free004	情侶溫泉──40家浪漫情人池＆精緻湯屋／林惠美著　定價148元
Free005	夜店──Lounge bar・Pub・Club／劉文紋等著　定價149元
Free006	懷舊──復古餐廳・酒吧・柑仔店／劉文紋等著　定價149元
Free007	情定MOTEL──最HOT精品旅館／劉文紋等著　定價149元
Free012	宜蘭YILAN──永保新鮮的100個超人氣景點＋50家掛保證民宿＋120處美食名攤／彭思圓著　定價250元
Free013	大台北自然步道100／黃育智Tony著　定價320元
Free014	桃竹苗自然步道100／黃育智Tony著　定價320元
Free015	宜蘭自然步道100／黃育智Tony著　定價320元
Free016	大台北自然步道100(2)：郊遊！想走就走 ／黃育智Tony著　定價320元

朱雀文化　和你快樂品味生活

Lifestyle044　療癒隸書習字帖／鄭耀津著　定價199元

Lifestyle045　馬卡龍名店LADUR　E口碑推薦！老巴黎人才知道的200家品味之選：像法國人一樣漫遊餐廳、精品店、藝廊、美術館、書店、跳蚤市集／賽爾‧吉列滋Serge Gleizes著　定價320元

LifeStyle046　一天一則日日向上肯定句：精彩英法文版 700／療癒人心悅讀社著　定價320元

MAGIC系列

MAGIC008　花小錢做個自然美人──天然面膜、護髮護膚、泡湯自己來／孫玉銘著　定價199元

MAGIC009　精油瘦身美顏魔法／李淳廉著　定價230元

MAGIC010　精油全家健康魔法──我的芳香家庭護照／李淳廉著　定價230元

MAGIC013　費莉莉的串珠魔法書──半寶石‧璀璨‧新奢華／費莉莉著　定價380元

MAGIC014　一個人輕鬆完成的33件禮物──點心‧雜貨‧包裝DIY／金一鳴、黃愷縈著　定價280元

MAGIC016　開店裝修省錢＆賺錢123招──成功打造金店面，老闆必修學分／唐芩著　定價350元

MAGIC017　新手養狗實用小百科──勝犬調教成功法則／蕭敦耀著　定價199元

MAGIC018　現在開始學瑜珈──青春，停駐在開始練瑜珈的那一天／湯永緒著　定價280元

MAGIC019　輕鬆打造！中古屋變新屋──絕對成功的買屋、裝修、設計要點＆實例／唐芩著　定價280元

MAGIC021　青花魚教練教你打造王字腹肌──型男必備專業健身書／崔誠兆著　定價380元

MAGIC022　我的30天減重日記本30 Days Diet Diary／美好生活實踐小組編著　定價120元

MAGIC024　10分鐘睡衣瘦身操──名模教你打造輕盈S曲線／艾咪著　定價320元

MAGIC025　5分鐘起床拉筋伸展操──最新NEAT瘦身概念＋增強代謝＋廢物排出／艾咪著　定價330元

MAGIC026　家。設計──空間魔法師不藏私裝潢密技大公開／趙喜善著　定價420元

MAGIC027　愛書成家──書的收藏×家飾／達米安‧湯普森著　定價320元

MAGIC028　實用繩結小百科──700個步驟圖，日常生活、戶外休閒、急救繩技現學現用／羽根田治著　定價220元

MAGIC029　我的90天減重日記本90 Days Diet Diary／美好生活十實踐小組編著　定價150元

MAGIC030　怦然心動的家中一角──工作桌、創作空間與書房的好感布置／凱洛琳‧克利夫頓摩格著　定價360元

MAGIC031　超完美！日本人氣美甲圖鑑──最新光療指甲圖案634款／辰巳出版株式　社編集部美甲小組　定價360元

MAGIC032　我的30天減重日記本（更新版）30 Days Diet Diary／美好生活實踐小組編著　定價120元

MAGIC033　打造北歐手感生活，OK！──自然、簡約、實用的設計巧思／蘇珊娜‧文朵、莉卡‧康丁哥斯基i著　定價380元

MAGIC034　生活如此美好──法國教我慢慢來／海莉葉塔‧希爾德著　定價380元

MAGIC035　跟著大叔練身體──1週動3次、免戒酒照聚餐，讓年輕人也想知道的身材養成術／金元坤著　定價320元

MAGIC036　一次搞懂全球流行居家設計風格Living Design of the World──111位最具代表性設計師、160個最受矚目經典品牌，以及名家眼中的設計美學／CASA LIVING 編輯部　定價380元

MAGIC037　小清新迷你水族瓶──用喜歡的玻璃杯罐、水草小蝦，打造自給自足的水底生態／田畑哲生著　定價250元

MAGIC038　一直畫畫到世界末日吧！──一個插畫家的日常大小事／閔孝仁著　定價380元

手作生活 048

國家圖書館出版品預行編目

超立體，動物造型毛線帽
風靡歐美！寒冬有型，吸睛又保暖。
凡妮莎‧慕尼詩(Vanessa Mooncie)
著；趙睿音 譯；——初版——
臺北市：朱雀文化，2016.11
面；公分——（Hands；48）
譯自：Animal hats
ISBN 978-986-93863-0-2（平裝）
1.編織 2.帽 3.手工藝
426.4   105019928

超立體，動物造型毛線帽
風靡歐美！寒冬有型，吸睛又保暖。

作者｜凡妮莎 ‧ 慕尼詩 (Vanessa Mooncie)

譯者｜趙睿音

美術設計｜許維玲

編輯｜劉曉甄

行銷｜石欣平

企畫統籌｜李橘

總編輯｜莫少閒

出版者｜朱雀文化事業有限公司

地址｜台北市基隆路二段 13-1 號 3 樓

電話｜02-2345-3868

傳真｜02-2345-3828

劃撥帳號｜ 19234566 朱雀文化事業有限公司

e-mail｜ redbook@ms26.hinet.net

網址｜ http://redbook.com.tw

總經銷｜大和書報圖書服份有限公司 (02)8990-2588

ISBN｜ 978-986-93863-0-2

初版一刷｜ 2016.11

定價｜ 380 元

About 買書

●朱雀文化圖書在北中南各書店及誠品、金石堂、何嘉仁等連鎖書店，以及博客來、讀冊、PC HOME 等網路書店均有販售，如欲購買本公司圖書，建議你直接詢問書店店員，或上網採購。如果書店已售完，請電洽本公司。

●● 至朱雀文化網站購書（http：//redbook.com.tw），可享 85 折起優惠。

●●●至郵局劃撥（戶名：朱雀文化事業有限公司，帳號 19234566），掛號寄

書不加郵資，4 本以下無折扣，5～9 本 95 折，10 本以上 9 折優惠。